高等院校经济管理类专业
经济数学基础系列教材
总 主 编　赵新泉

U0821190

高等数学(文科)

熊　波　主编

中国财政经济出版社

图书在版编目(CIP)数据

高等数学. 文科 / 熊波主编. —北京: 中国财政经济出版社, 2014. 3 (2022.7重印)
高等院校经济管理类专业. 经济数学基础系列教材
ISBN 978-7-5095-5104-2

Ⅰ. ①高… Ⅱ. ①熊… Ⅲ. ①高等数学-高等学校-教材 Ⅳ. ①O13

中国版本图书馆 CIP 数据核字 (2014) 第 030940 号

责任编辑: 吕小军　　　　责任校对: 胡永立
封面设计: 思梵星尚

中国财政经济出版社 出版
URL: http: //www. cfeph. cn
E-mail: cfeph @ cfeph. cn

社址: 北京市海淀区阜成路甲 28 号　邮政编码: 100142
营销中心电话: 88190406　北京财经书店电话: 64033436　84041336
北京财经印刷厂印刷　各地新华书店经销
787×1092 毫米　16 开　10.5 印张　251 000 字
2014 年 2 月第 1 版　2022 年 7 月北京第 2 次印刷
定价: 20.00 元
ISBN 978-7-5095-5104-2
(图书出现印装问题, 本社负责调换)
本社质量投诉电话: 010-88190744
反盗版举报热线: 010-88190492, 88190446

序

Preface

目前，各高等院校的文科专业都陆续开设了“文科高等数学”课程。在社会进步、科学现代化的过程中，数学与数学方法显得越来越重要，它不仅是一种工具，而且也成为解决问题的关键所在。“高科技本质上是数学”这句话已经越来越得到人们的认同。美国数学史学家M. 克莱因曾经说过：“一个时代的总的特征在很大程度上与这个时代的数学活动密切相关。这种关系在我们这个时代尤为明显。”“数学不仅是一种方法、一门艺术或一种语言，数学更主要是一门有着丰富内容的知识体系，其内容对自然科学家、社会科学家、哲学家、逻辑学家和艺术家十分有用，同时影响着政治家和神学家的学说。”数学已经广泛地影响着人类的生活和思想，是形成现代文化的主要力量。

本书是专门为高等院校法、哲、史、文、语言等文科专业学生编写的数学教材，在教材中我们强调的不是数学公式的推导、定理的证明，而是介绍数学概念的形成、数学方法的应用，注重数学思想方法的熏陶，希望通过本书的学习让文科学生认识和体会到数学严密的思维方式。本教材在叙述中放弃了一些纯数学的理论描述而采取更直观的解释，以便能更好地满足文科专业学生对数学的理解。文中“*”号部分的内容授课教师可以根据学生们的数学基础选讲。

本教材由熊波主编，全书分为三部分共9章。第一部分是微积分，共四章，编写分工为：周月梅编写第1、第2章；熊波编写第3章；韩娅玲编写第4章。第二部分是线性代数初步，共两章，编写分工为：熊波编写第5章；邓薇编写第6章。第三部分是概率论初步，共三章，编写分工为：杜薇薇编写第7、第8章及附录一；蒋锋编写第9章及附录二；本教材的习题参考答案由研究生贾晓斌、何运、胡铭元校正。本书编写过程中得到了很多老师的指导，在此表示感谢！

由于水平有限和时间仓促，教材中难免会存在一些错误，恳请使用本教材的师生多提供宝贵意见，以便我们改进。

编　者

2014年1月

目　录

Contents

第一部分　微积分

第二部分 线性代数初步

第三部分 概率论初步

第一部分

微 积 分

微积分是研究微分学和积分学的统称，英文名称是 Calculus，意为计算。这是因为早期微积分主要用于天文、力学、几何学中的计算问题。后来人们也将微积分称为分析学，或称无穷小分析，专指运用无穷小或无穷大等极限过程分析处理计算问题的学问。

极限是整个微积分学的基础。微分学包括求导和微分的运算，是一套关于变化率的理论。它使得函数、速度、加速度和曲线斜率等均可用一套通用的符号进行讨论。积分学包括不定积分和定积分的概念和应用，为定义和计算面积、体积等提供一套通用的方法。如果将整个数学比作一棵大树，那么初等数学是树的根，名目繁多的数学分支是树枝，而树干的主要部分就是微积分。

微积分堪称人类智慧最伟大的成就之一。微积分这门学科在现代也一直发展着，中国的数学泰斗陈省身先生所研究的微分几何领域，便是利用微积分的理论来研究几何。这门学科对人类认识时间和空间的性质发挥着巨大的作用，并且这门学科至今仍然很活跃。

第1章

函 数

函数是客观世界中变量与变量之间依赖关系的一种数学抽象。函数是从量的方面研究事物运动变化规律，函数也是微积分的基本研究对象。根据课程的需要，本章将对函数的概念及相关知识做简单的复习，并介绍几个常见的经济函数。

§1.1 实数与绝对值

1.1.1 实数

在中学课程中，我们知道实数由有理数和无理数两部分组成。有理数可以用分数形式表示，也可以用有限十进小数或无限十进循环小数来表示；而无限十进不循环小数则称为无理数。有理数和无理数统称为**实数**。为方便起见，通常将全体实数构成的集合记为 R，即

$$R=\{x \mid x \text{ 为实数}\}$$

1.1.2 绝对值

实数 x 的**绝对值**定义为

$$|x|=\sqrt{x^2}=\begin{cases} x, x\geqslant 0 \\ -x, x<0 \end{cases}$$

在数轴上 $|x|$ 就是 x 到原点的距离，数轴上任意两点 x、y 之间的距离是 $|x-y|$。

绝对值具有以下基本性质：

① $|-x|=|x|\geqslant 0$，当且仅当 $x=0$ 时，$|x|=0$

② $-|x|\leqslant x\leqslant |x|$

③ $\big||x|-|y|\big|\leqslant |x\pm y|\leqslant |x|+|y|$

④ $|xy|=|x||y|$

⑤ $\left|\dfrac{x}{y}\right|=\dfrac{|x|}{|y|}, y\neq 0$

1.1.3　区间与邻域

介于两实数之间的全体实数构成的集合称为一个**有限区间**，这两个实数叫区间的端点。对于给定的 a、$b\in R$ 且 $a<b$：

$\{x\mid a<x<b\}$——开区间，记作：(a,b)

$\{x\mid a\leqslant x\leqslant b\}$——闭区间，记作：$[a,b]$

$\{x\mid a\leqslant x<b\}$——半开半闭区间，记作：$[a,b)$

$\{x\mid a<x\leqslant b\}$——半开半闭区间，记作：$(a,b]$

从数轴上看，闭区间比开区间多包括两个端点，半开半闭区间比开区间多一个端点。

类似的有 $\{x\mid x\leqslant a\}$记作$(-\infty,a]$；$\{x\mid x<a\}$记作$(-\infty,a)$；$\{x\mid x\geqslant a\}$记作$[a,+\infty)$，$\{x\mid x>a\}$记作$(a,+\infty)$。以上这几类数集都称为**无限区间**。

有限区间和无限区间统称为**区间**。

集合$\{x\mid |x-x_0|<\delta\}$称为**点 x_0 的 δ 邻域**，其几何意义是以 x_0 为中心，δ 为半径的对称区间，记作 $U(x_0;\delta)$或简单的写作 $U(x_0)$；集合$\{x\mid 0<|x-x_0|<\delta\}$称为**点 x_0 的 δ 空心邻域**，简记为 $U^\circ(x_0)$其几何意义是以 x_0 为中心，δ 为半径的对称区间，但要去掉点 x_0。

此外，我们常用到以下几种邻域：

点 x_0 的 δ 左邻域 $U_-(x_0;\delta)=(x_0-\delta,x_0]$，简记为 $U_-(x_0)$；

点 x_0 的 δ 右邻域 $U_+(x_0;\delta)=[x_0,x_0+\delta)$，简记为$U_+(x_0)$；

$U_-(x_0)$与 $U_+(x_0)$去除点 x_0 后，分别为**点 x_0 的空心 δ 左、右邻域**，简记为 $U^\circ_-(x_0)$与 $U^\circ_+(x_0)$。

§1.2　函数的概念

1.2.1　函数的定义

（1）映射的概念

定义 1.1　设 X、Y 是两个非空集合，若存在一个对应法则 f，使得任意 $x\in X$，按照法则 f，有惟一确定的 $y\in Y$ 与之对应，则称 f 是从 X 到 Y 的**映射**，记作：

$$f:X\to Y$$

其中元素 y 称为元素 x 在映射 f 下的**像**，记作 $y=f(x)$；元素 x 称为元素 y 在映射 f 下的**原像**；集合 X 称为映射 f 的**定义域**，记作 D_f，即 $D_f=X$；X 中所有元素的像所组成的集合称为映射 f 的值域，它是 Y 的子集，记作 R_f，即：

$$R_f=\{f(x)\mid x\in X\}$$

从上述映射的定义中，需要注意的是：

①构成一个映射必须具备以下三个要素：集合 X，即定义域 $D_f=X$；集合 Y，即值域 $R_f\subset Y$；对应法则 f。

②对于每个 $x\in X$，元素 x 的像 y 是惟一的；而每个 $y\in R_f$，元素 y 的原像不一定是惟一的；映射 f 的值域 R_f 是 Y 的一个子集。

从实数集（或其子集）X 到实数集 Y 的映射通常称为定义在 X 上的**函数**。

（2）函数的概念

定义 1.2　设数集 $D\subset R$，则称映射 $f:D\to R$ 为定义在 D 上的**函数**，通常简记为：

$$y=f(x),x\in D$$

其中 x 称为**自变量**，y 称为**因变量**，D 称为**定义域**，记作 D_f，即 $D_f=D$。

函数定义中，对每个 $x\in D$ 按对应法则 f，总有惟一的值 y 与之对应，这个值称为函数 f 在 x 处的**函数值**，记作 $f(x)$，即 $y=f(x)$。因变量 y 与自变量 x 之间的这种依赖关系，通常称为函数关系。函数值 $f(x)$ 的全体所构成的集合称为函数 f 的**值域**，记作 R_f，即 $R_f=\{y\mid y=f(x),x\in D\}$。

按照上述定义，记号 f 和 $f(x)$ 的含义是有区别的：前者表示自变量 x 和因变量 y 之间的对应法则，而后者表示与自变量 x 对应的函数值。但为了叙述方便，习惯上常用记号"$f(x),x\in D$"或"$y=f(x),x\in D$"来表示定义在 D 上的函数，这时应理解为由它所确定的函数 f。

变量表示的是在某一变化过程中不断变化的量，例如，某产品的成本、平均成本随产量的变化而变化，成本、平均成本以及产量都是变量；某生产商的总收益随着其产品价格和销售量的变化而变化，总收益、产品的价格以及销售量是变量。而函数则表示变量之间的对应关系。习惯上用字母 F、f、g、φ 等来表示函数，而用小写字母 x、y、z 来表示自变量和因变量。

1.2.2　函数的表示法

在中学课程中，我们已经知道函数的表示方法主要有三种：列表法、图示法和解析法（或称公式法）。

列表法：列表法是利用表格的形式反映自变量与因变量之间函数关系的表示方法，在经济和管理问题中，常用图示法或列表法表示变量与变量之间的函数关系。

例 1.1　要表示某地区城镇居民人均收入与时间之间的函数关系，可以用表 1.1 表示。

表 1.1

时间	2006 年	2007 年	2008 年	2009 年	2010 年	2011 年	2012 年	2013 年
城镇居民人均收入（元）	1374	2024	2965	3876	5160	5846	6860	8500

图示法：图示法是用坐标系中的曲线，描述函数关系的表示方法。

公式法：公式法是借助于数学解析式给出变量与变量之间对应规则的方法。

有些函数在其定义域的不同部分用不同的公式表示，这类函数通常称为**分段函数**。

例 1.2　函数 $\operatorname{sgn}x=\begin{cases}1, & x>0\\ 0, & x=0\\ -1, & x<0\end{cases}$ 是分段函数，称为**符号函数**，其图像如图 1.1 所示。

例 1.3　函数 $f(x)=|x|$ 的分段函数形式为：

$$f(x)=\begin{cases}x, & x\geqslant 0\\ -x, & x<0\end{cases}$$

它还可表示为 $f(x)=x\operatorname{sgn}x$。其图像如图 1.2 所示。

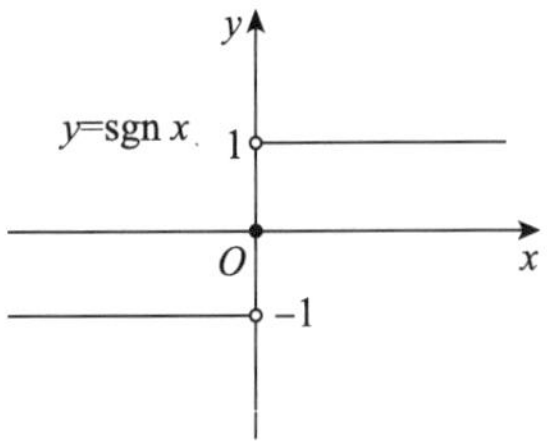

图 1.1

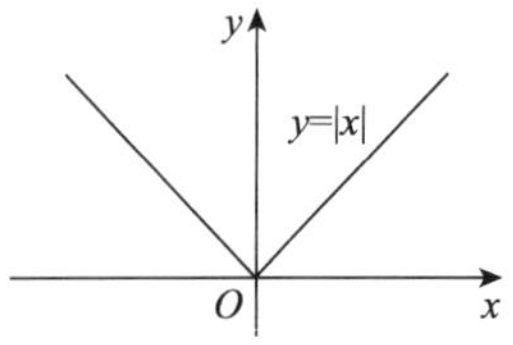

图 1.2

要注意的是：分段函数并不是几个函数，而是一个函数，仅仅是它在不同的区间对应关系式不同。

有些函数难以用上述三种方法来表示，只能用言语来描述，如定义在 R 上的狄利克雷（Dirichlet）函数

$$D(x)=\begin{cases}1, & \text{当 } x \text{ 为有理数}\\ 0, & \text{当 } x \text{ 为无理数}\end{cases}$$

和定义在$[0,1]$上的黎曼（Riemann）函数

$$R(x)=\begin{cases}\dfrac{1}{q}, & \text{当 } x=\dfrac{p}{q}\left(p,q\in N_+,\dfrac{p}{q}\text{为既约真分数}\right)\\ 0, & \text{当 } x=0,1 \text{ 和}(0,1)\text{内的无理数}\end{cases}$$

§1.3　函数的性质

1.3.1　函数的性质

（1）有界性

设函数 $y=f(x),x\in D$,区间 $I\subset D$。如果存在实数 K_1，对任意的 $x\in I$，$f(x)\leqslant K_1$,则称 $f(x)$在 I 上**有上界**；若存在实数 K_2，对任意的 $x\in I$，$f(x)\geqslant K_2$,则称$f(x)$在 I 上**有下界**；若存在实数 $M>0$，对任意的 $x\in I$，$|f(x)|\leqslant M$，则称函数 $f(x)$在 I 上**有界**。如果不存在这样的正数 M，就称$f(x)$在 I 上无界。

不难验证：f 在 I 上有界的充要条件是f 在 I 上既有上界又有下界。若 f 为 I 上的有界函数，则f 的图像完全落在直线 $y=M$ 与 $y=-M$ 之间。

例如：$y=\cos x$ 在$(-\infty,+\infty)$内有界；$y=x^2$ 在$(-\infty,+\infty)$内有下界，但无上界，$y=x^2$ 在$[-2,2]$内有界。

（2）单调性

任取 x_1、$x_2\in I,x_1<x_2$,若$f(x_1)\leqslant f(x_2)$,则称 $f(x)$为 I 上的**增函数**；若 $f(x_1)<f(x_2)$,称 $f(x)$为 I 上的**严格单调增函数**；若 $f(x_1)\geqslant f(x_2)$,则称 $f(x)$为 I 上的**减函数**；若 $f(x_1)>f(x_2)$,称$f(x)$为 I 上的**严格单调减函数**。

注意：函数的单调性、有界性与所讨论的区间有关。同一函数，在不同的区间，其单调性、有界性可能会发生改变。

例如函数 $y=x^2$ 在区间$[-1,1.5]$内不是单调的，而在区间$[0,1.5]$内是严格单调增函数（图 1.3）。

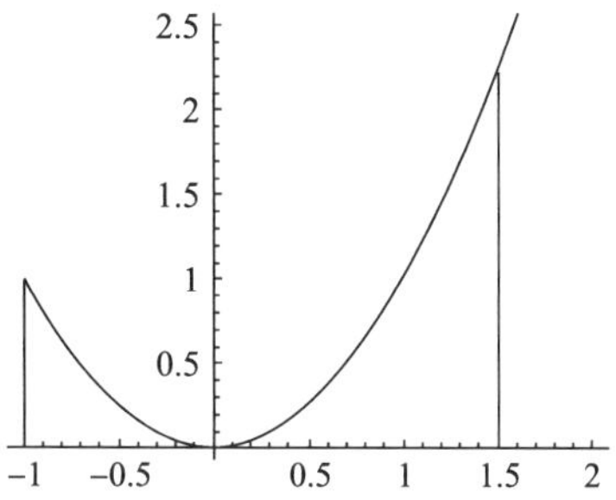

图 1.3

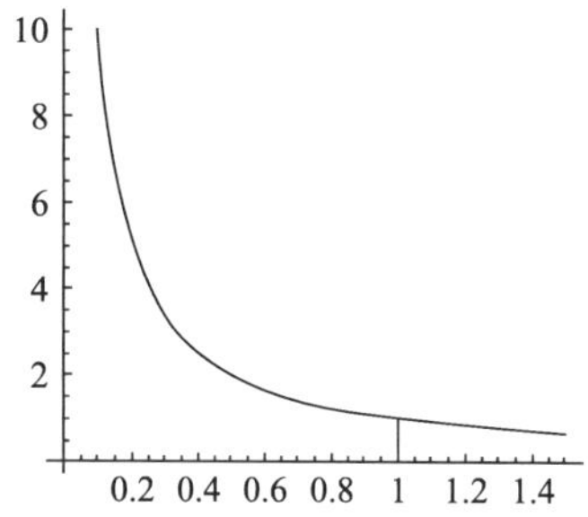

图 1.4

又如函数 $y=\dfrac{1}{x}$，在区间$(0,1)$和$(1,2)$内都是严格单调减函数，但是在区间$(0,1)$内无界，而在区间$(1,2)$内有界（图 1.4）。

（3） 奇偶性

任意 $x\in D$，且 $-x\in D$，若 $f(-x)=f(x)$，则称 $f(x)$ 为**偶函数**；若 $f(-x)=-f(x)$，则称 $f(x)$ 为**奇函数**。

例如，$f(x)=x^2$ 是偶函数，因为 $f(-x)=(-x)^2=x^2=f(x)$。又例如，$f(x)=x^3$ 是奇函数，因为 $f(-x)=(-x)^3=-x^3=-f(x)$。

注意：偶函数的图形关于 y 轴是对称的，如图 1.5。奇函数的图形关于原点是对称，如图 1.6。若 $f(x)$ 在 $x=0$ 有定义，则当 $f(x)$ 为奇函数时，必有 $f(0)=0$。

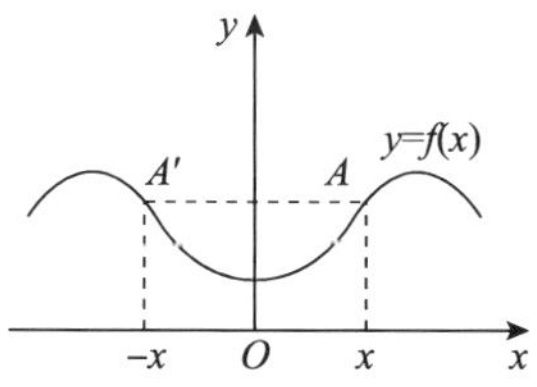

图 1.5

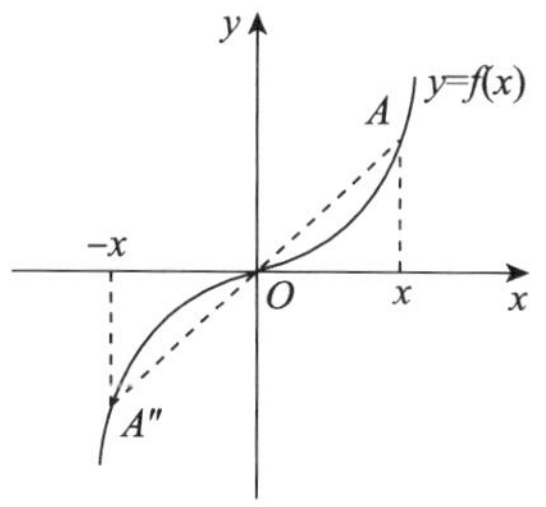

图 1.6

（4） 周期性

存在 $l>0$，任意的 $x\in D$，$x\pm l\in D$，若 $f(x\pm l)=f(x)$，则称 $f(x)$ 为**周期函数**，称 l 为周期（一般指最小正周期）。

从周期函数的定义可知，若常数 l 是 $f(x)$ 的周期，则对任意整数 k，kl 也是 $f(x)$ 的周期，即 $f(x+kl)=f(x)$。

例如三角函数 $y=\sin x$ 和 $y=\cos x$ 是以 2π 为周期；$y=\tan x$ 和 $y=\cot x$ 是以 π 为周期。函数 $y=c$ 为周期函数，但没有最小正周期。

1.3.2 复合函数

设有两函数

$$y=f(u),u\in D$$
$$u=g(x),x\in E$$

记 $E^*=\{x\mid g(x)\in D\}\cap E$。若 $E^*\neq\phi$，则对每个 $x\in E^*$，可通过函数 g 对应 D 内惟一的一个值 u，而 u 又通过函数 f 对应惟一的一个值 y，这就确定了一个定义在 E^* 上的函数，它以 x 为自变量，y 为因变量，记作

$$y=f[g(x)],x\in E^* \text{或} y=(fog)(x),x\in E^*$$

这个函数称为函数 f 和 g 的**复合函数**。并称 f 为**外函数**，g 为**内函数**。其中 u 为**中间变量**。函数 f 和 g 的复合运算也可简单地写作 fog。

例 1.4 $y=f(u)=\sqrt{u},u\in D=[0,+\infty)$ 与 $u=g(x)=1-x^2,x\in E=R$ 的复合函数为

$$y=f(g(x))=\sqrt{1-x^2} \text{或} (fog)(x)=\sqrt{1-x^2}$$

其定义域 $E^*=[-1,1]\subset E$。

§1.4 简单的经济函数

这节我们将简单地介绍几种常用的经济函数。

1.4.1 成本函数

总成本 *TC* 是厂商在短期内生产一定数量的产品对全部生产要素所支出的货币总额。

从短期生产来看：总成本可以看做由两部分组成，一个是总可变成本，一个是总不变成本。**总可变成本**是厂商在短期内生产一定数量的产品对可变生产要素支付的总成本，例如厂商对原材料、燃料动力和工人工资的支付等。它是产量的函数，所以记为 $TVC(Q)$。**总不变成本**是厂商在短期内为生产一定数量的产品对不变生产要素所支付的总成本，例如，建筑物和机器设备的折旧费等，它不随产量的变化而变化，记为 TFC。所以总成本函数 = 总可变成本 + 总不变成本，即

$$TC(Q)=TFC+TVC(Q)$$

平均总成本 *AC* 是厂商在短期内平均每生产一单位产品所消耗的全部成本，它等于总成本除以产量，即

$$AC(Q)=\frac{TC(Q)}{Q}$$

1.4.2 收入函数

总收入 *TR* 是企业将产品出售后所得到的全部货币总额，用 P 来表示产品价格，Q 来表示售出的产品数量，则总收入 = 产品价格 × 产品数量，即

$$TR=P\cdot Q$$

平均收入 *AR* 表示企业平均每售出一单位产品所得到的收入。它等于总收入除以售出的产品数，即

$$AR=\frac{TR}{Q}=P$$

因此，平均收入就等于产品的单位价格。

1.4.3 利润函数

利润 *TL* 是厂商生产一定数量的产品并销售所得的收入扣除成本后所剩余的货币总额，总利润 = 总收入 - 总成本。

企业生产的一个重要目的就是利润最大化，而利润又由生产成本和收入共同决定，生产成本决定于要素价格和产量，收入决定于产品价格和产量，所以利润的大小是由要素市场和货币市场共同起作用的。

上述三个函数均可认为是产量的函数。

1.4.4 需求函数

一种商品的需求是指消费者在一定时期内在各种可能的价格水平下愿意而且能够购买的商品的数量。

当市场其他因素不变时，需求量与价格之间的关系称为**需求函数**。

将不同价格下所对应的商品需求量连起来，就可以得到商品的需求曲线，例如图 1.7 中所表示出的即是某商品的需求曲线。

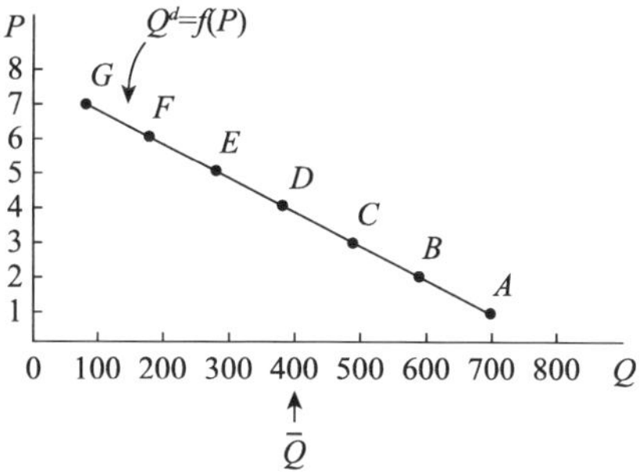

图 1.7 某商品的需求曲线

图 1.7 中的需求曲线是一条直线，实际上，需求曲线可以是直线型的，也可以是曲线型的。通常，为了简化分析过程，在不影响结论的前提下，大多使用线性需求曲线。线性需求曲线的通常形式为：

$$Q^d=\alpha-\beta\cdot P$$

其中 α、β 为常数，且 α、$\beta>0$。

由需求函数的表达式和需求曲线的图形可以看出，**需求曲线具有一个明显的特征，它是向右下方倾斜的，即它的斜率为负值，表示商品的需求量和价格之间成反向变动的关系。**

1.4.5 供给函数

一种商品的供给是指生产者在一定时期内在各种可能的价格下愿意而且能够提供出售的该种商品的数量。

当市场其他因素不变时，供给量与价格之间的关系称为**供给函数**。

将不同价格下所对应的商品供给量连起来，就可以得到商品的供给曲线，例如图 1.8 中所表示出的某商品的供给曲线。

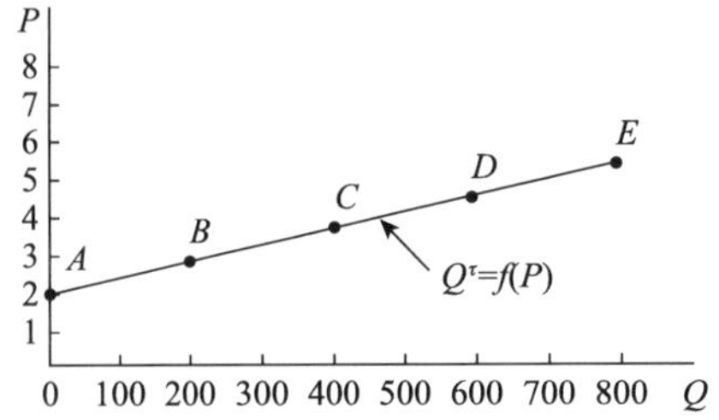

图 1.8 某商品的供给曲线

如同需求曲线一样，供给曲线可以是直线型，也可以是曲线型。通常，为了简化分析过程，大多使用线性供给曲线。它的通常形式为：

$$Q^s = -\delta + \gamma \cdot P$$

其中，δ、γ 为常数，且 δ、$\gamma > 0$。

由供给函数的表达式和需求曲线的图形可以看出，**供给曲线表现出向右上方倾斜的特征，即它的斜率为负值，表示商品的需求量和价格之间成同向变动的关系。**

通常，需求函数是价格的单调递减函数；而供给函数是价格的单调递增函数。

当需求量等于供给量时的价格为市场的均衡价格。

习 题 一

1. 设 $f(x) = 2x^2 + 3x - 4$，求：

$f(0)$、$f(2)$、$f(\sqrt{2})$、$f(1+\sqrt{2})$、$f(-x)$、$f(x+1)$、$2f(x)$ 和 $f(2x)$。

2. 设 $f(x) = \dfrac{x}{x+1}$，求 $f(2+h)$、$f(x+h)$ 和 $\dfrac{f(x+h)-f(x)}{h}$，其中 $h \neq 0$。

3. 已知 $f\left(\dfrac{1}{x}\right) = x + \sqrt{1+x^2}$，求 $f(x)$。

4. 求下列函数的定义域：

（1）$f(x) = \dfrac{x+2}{x^2-1}$ （2）$f(x) = \sqrt[4]{x^2-6x}$

（3）$f(x) = \dfrac{1}{1-x^2} + \sqrt{x+2}$ （4）$f(x) = \dfrac{1}{x} - \sqrt{1-x^2}$

(5) $f(x)=\dfrac{1}{\sqrt{4-x^2}}$ (6) $f(x)=\dfrac{2x}{x^2-3x+2}$

5. 求下列函数的值域，并画出函数的草图：

(1) $f(x)=x^2+2x-1$ (2) $f(x)=\dfrac{x^2-1}{x-1}$

(3) $f(x)=\begin{cases}-1, & x\leqslant -1\\ 3x+2, & |x|<1\\ 7-2x, & x\geqslant 1\end{cases}$ (4) $f(x)=\begin{cases}|\sin x|, & |x|<\dfrac{\pi}{3}\\ 0, & |x|\geqslant\dfrac{\pi}{3}\end{cases}$

(5) $f(x)=|x^2-1|$

6. 试判定下列函数是有界还是无界：

(1) $f(x)=-\sin x+2$，在区间$[0,200\pi]$上；

(2) $f(x)=x^2-x$，在区间$(2,8]$上；

(3) $f(x)=\dfrac{1}{\sqrt{x}}$，在区间$(0,+\infty)$内；

(4) $f(x)=\tan 2x$，在区间$\left(0,\dfrac{\pi}{8}\right)$内。

7. 判定下列函数是否有奇偶性，若是奇函数或偶函数，可利用对称性描出函数图形：

(1) $f(x)=x^2+x$ (2) $f(x)=x^3-x$

(3) $f(x)=x^2(1-x^2)$ (4) $f(x)=\sin x-\cos x+1$

(5) $f(x)=\dfrac{a^x+a^{-x}}{2}$

8. 设$f(x)=2x^2+6x-3$，求：$\varphi(x)=\dfrac{1}{2}[f(x)+f(-x)]$和$\psi(x)=\dfrac{1}{2}[f(x)-f(-x)]$，并判断$\varphi(x)$和$\psi(x)$的奇偶性。

9. 设下面所考虑的函数都是定义在对称区间$(-l,l)$上，求证：

(1) 两个偶函数之和为偶函数；两个奇函数之和为奇函数；

(2) 两偶函数之积为偶函数；两奇函数之积为奇函数；偶函数与奇函数之积为奇函数；

(3) 任意一函数可表示为一个奇函数与一个偶函数之和。

10. 证明下列函数在指定区间内的单调性：

(1) $f(x)=\dfrac{x}{1-x},(-\infty,1)$ (2) $f(x)=\cos x,(0,\pi)$

11. 设$f(x)$为定义在$(-l,l)$内的奇函数，若$f(x)$在$(0,l)$内单调增加，证明$f(x)$在$(-l,0)$内也单调增加。

12. 求$f(x)+g(x)$、$f(x)-g(x)$、$f(x)\cdot g(x)$、$\dfrac{f(x)}{g(x)}$的定义域：

(1) $f(x)=x^3+2x^2,g(x)=3x^2-1$ (2) $f(x)=\sqrt{1+x},g(x)=\sqrt{1-x}$

第2章

极限与连续

极限是高等数学最基本的概念之一，也是研究微积分的重要工具，极限思想和极限方法贯穿高等数学的始终。它主要研究当自变量处于某种无穷变化过程时，因变量的无穷变化趋势。在极限的基础上，我们还将讨论函数的一种重要性质——连续。

§2.1　数列的极限

2.1.1　数列

定义2.1　以自然数集为定义域的函数，按自变量（自然数）由小到大的顺序排列起来的函数值全体，称为无穷数列，简称**数列**。

如果对应于自然数 n 的函数值为 x_n，数列可写成

$$x_1, x_2, \cdots, x_n, \cdots$$

可简记为$\{x_n\}$或 x_n，其中每一元素叫做数列的项，而第 n 项 x_n 叫数列的一般项或通项。

例如下面几个数列：

①$1, \frac{1}{2}, \frac{1}{3}, \cdots, \frac{1}{n}, \cdots$

②$\frac{1}{2}, \frac{1}{2^2}, \frac{1}{2^3}, \cdots, \frac{1}{2^n}, \cdots$

③$1, -1, 1, \cdots, (-1)^{n+1}, \cdots$

数列具有以下性质：

（1）单调性

若$\{x_n\}$满足 $x_1 < x_2 < \cdots < x_n < \cdots$，则称$\{x_n\}$**严格单调增加**；

若$\{x_n\}$满足 $x_1 \leqslant x_2 \leqslant \cdots \leqslant x_n \leqslant \cdots$，则称$\{x_n\}$**单调增加**；

若$\{x_n\}$满足 $x_1 > x_2 > \cdots > x_n > \cdots$，则称$\{x_n\}$**严格单调减少**；

若$\{x_n\}$满足 $x_1 \geqslant x_2 \geqslant \cdots \geqslant x_n \geqslant \cdots$，则称$\{x_n\}$**单调减少**。

上文中的数列①、②是严格单调减少的数列，而数列③不具备单调性。严格单调增加数列可以简单地理解为数列中的数一个比一个大；严格单调减少数列可以类似的理解为数列中的数一个比一个小。

（2）有界性

若存在 $M>0$,使得 $|x_n|\leq M, n\in N$ 成立，则称数列**有界**，否则称数列是**无界**的。简言之，无界数列是指找不到任何数比数列中所有数大。从几何直观上看，数列有界是指数列夹在两水平直线 $y=M$ 和 $y=-M$ 之间。

例如上文中的数列①，②，③均是有界数列。

2.1.2　数列极限

（1）概念的引入

①割圆术。“割之弥细，所失弥小，割之又割，以至于不可割，则与圆合体而无所失矣。”——刘徽

刘徽（约225~295年）是我国古代魏末晋初的杰出数学家，他撰写的《重差》对《九章算术》中的方法和公式做了全面的评注，指出并纠正了其中的错误，在数学方法和数学理论上作出了杰出的贡献。他的“割圆术”是求圆周率 π 的方法，包含了“用已知逼近未知，用近似逼近精确”的重要极限思想。

②截杖问题。“一尺之棰，日截其半，万世不竭。”

第一天截下的杖长为 $X_1=\dfrac{1}{2}$，

第二天截下的杖长总和为 $X_2=\dfrac{1}{2}+\dfrac{1}{2^2}$，

……

第 n 天截下的杖长总和为 $X_n=\dfrac{1}{2}+\dfrac{1}{2^2}+\cdots+\dfrac{1}{2^n}=1-\dfrac{1}{2^n}$，

$$X_n=1-\frac{1}{2^n}\to 1$$

（2）数列极限

由于数列的自变量仅限于自然数集，故自变量的无穷变化过程仅有不断增长这一过程。我们称为这一过程为 n 趋于无穷，记为 $n\to\infty$。

当 $n\to\infty$时，观察下列数列的变化趋势：

A. $x_n=\dfrac{n+1}{n}$　　B. $x_n=\dfrac{1+2(-1)^n}{n}$　　C. $x_n=(-1)^n$

D. $x_n=n^2$　　E. $x_n=(-1)^n n$

这些数列的变化方式各有不同，但其变化趋势可归纳为三类：

①它们渐渐地接近某一常数 A，如 AB；

②它们的绝对值无限增大，如 DE；

③它们不接近某一常数，其绝对值也不无限增大，如 C。

在这里，比较令人感兴趣的是①这种情况，因为它们呈现出某种“简单而固定”的变化趋势。因此，有必要为这种变化趋势起个名字。

定义 2.2 若 n 趋于无穷时，数列 x_n 渐渐地接近某一常数 A，则称 A 为数列 x_n 当 $n\to\infty$ 时的极限，记为 $\lim\limits_{n\to\infty}x_n=A$，或 $x_n\to A(n\to\infty)$，此时称数列 x_n 当 n 趋于无穷时极限存在，数列为收敛数列。

例如 $\lim\limits_{n\to\infty}\dfrac{1+2(-1)^n}{n}=0$，$\lim\limits_{n\to\infty}\dfrac{n+1}{n}=1$

对于情形②③，统一称为数列 x_n 当 n 趋于无穷时极限不存在，此时数列为发散数列。特别的，若 n 趋于无穷时，数列 x_n 的绝对值无限增大，则称当 n 趋于无穷时，数列 x_n 趋于无穷，记为 $\lim\limits_{n\to\infty}x_n=\infty$，或 $x_n\to\infty(n\to\infty)$，但是 $\lim\limits_{n\to\infty}x_n=\infty$ 仅仅是极限不存在的一种特殊情形。上文中的 CDE 极限均不存在，其中：

$\lim\limits_{n\to\infty}n^2=\infty$，$\lim\limits_{n\to\infty}(-1)^n n=\infty$

(3) 数列极限的性质

下面我们不加证明的给出以下三条收敛数列的性质。

定理 2.1（极限的惟一性）：若数列收敛，则其极限惟一。

定理 2.2（收敛数列的有界性）：若数列收敛，那么它一定有界。

例如：$\lim\limits_{n\to\infty}\dfrac{n+1}{n}=1$，数列 $\left\{\dfrac{n+1}{n}\right\}$ 是一个收敛数列，不难发现 $0<\dfrac{n+1}{n}<2$，数列 $\left\{\dfrac{n+1}{n}\right\}$ 也是一个有界数列。

定理 2.3（收敛数列的保号性）：如果 $\lim\limits_{n\to\infty}x_n=a$，且 $a>0$（或 $a<0$），那么存在正整数 $N>0$，当 $n>N$ 时，都有 $x_n>0$（或 $x_n<0$）。

这个性质说明：数列可以在一定范围内保持极限的符号。例如 $\lim\limits_{n\to\infty}\dfrac{-2n+5}{n+1}=-2<0$，根据保号性，数列会保持极限值的“ - ”号。事实上，在数列 $x_n=\dfrac{-2n+5}{n+1}$ 中，从 x_3 开始均小于零。

最后，介绍子数列的概念和收敛数列与其子数列间关系的一个定理。

在数列 $\{x_n\}$ 中任意抽取无限多项并保持这些项在原数列 $\{x_n\}$ 中的先后次序，这样得到的一个数列称为原数列 $\{x_n\}$ 的子数列（或子列）。

设在数列 $\{x_n\}$ 中，第一次抽取 x_{n_1}，第二次在 x_{n_1} 后抽取 x_{n_2}，第三次在 x_{n_2} 后抽取 x_{n_3}，……，这样无休止地抽取下去，得到一个数列：

$$x_{n_1},x_{n_2},\cdots,x_{n_k},\cdots$$

这个数列 $\{x_{n_k}\}$ 就是 $\{x_n\}$ 的一个子数列。

例如数列 $x_n=(-1)^n$，抽出其偶数项组成一个新的数列 $1,1,\cdots,1,\cdots$；抽出其奇数项组成一个新的数列 $-1,-1,-1,\cdots,-1,\cdots$，这两个数列均为 $x_n=(-1)^n$ 的子数列，在子数列中的第 3 项 -1 在原数列中是第 5 项。因此 x_{n_k} 在子数列中是第 k 项，而它在原数列 $\{x_n\}$ 中却是第 n_k 项，显然 $n_k\geqslant k$。

定理 2.4（收敛数列与其子数列间的关系）：如果数列 $\{x_n\}$ 收敛于 a，那么它的任一子数列都收敛，且极限也是 a。

由定理 2.4 可知，如果数列 $\{x_n\}$ 有两个子数列收敛于不同的极限，那么数列 $\{x_n\}$ 是发散的。例如数列 $x_n=(-1)^n$ 就是一个发散数列，因为其偶数项组成的子数列收敛到1，而奇数项组成的子数列收敛到 -1。

2.1.3　数项级数

在截杖问题中，将每天取走部分的长度加起来，就会得到一尺的长度，即：

$$1=\frac{1}{2}+\frac{1}{2^2}+\frac{1}{2^3}+\cdots+\frac{1}{2^n}+\cdots$$

无穷多项求和是一个有限数！

在上例中，将一个确定数表示成了无穷多个数的和，且若在任何确定的 n 处截断，等式都会不成立：$1\neq\frac{1}{2}+\frac{1}{2^2}+\frac{1}{2^3}+\cdots+\frac{1}{2^n}$，意即任何有限项的求和都达不到给定的值。那么该如何计算“无穷项求和”呢？

定义 2.3　设 $\{x_n\}$ 是一个数列，称 $x_1+x_2+\cdots+x_n+\cdots$ 为数项级数，简称为级数，记为 $\sum\limits_{n=1}^{\infty}x_n$，即 $\sum\limits_{n=1}^{\infty}x_n=x_1+x_2+\cdots+x_n+\cdots$

但是 $\sum\limits_{n=1}^{\infty}x_n$ 中是无穷多项求和，它有时代表一个常数，例如

$$\sum_{n=1}^{\infty}\frac{1}{2^n}=\frac{1}{2}+\frac{1}{2^2}+\frac{1}{2^3}+\cdots+\frac{1}{2^n}+\cdots=1$$

有时不能代表一个常数，例如

$$\sum_{n=1}^{\infty}n=1+2+3+\cdots+n+\cdots$$

定义 2.4　对于级数 $\sum\limits_{n=1}^{\infty}x_n$，若它的前 n 项和 $s_n=x_1+x_2+\cdots+x_n$ 当 $n\to\infty$ 时收敛到常数 s，即 $\lim\limits_{n\to\infty}s_n=s$，则称级数 $\sum\limits_{n=1}^{\infty}x_n$ 收敛，并称 s 是级数 $\sum\limits_{n=1}^{\infty}x_n$ 的和，记为 $\sum\limits_{n=1}^{\infty}x_n=s$；若极限 $\lim\limits_{n\to\infty}s_n$ 不存在，则称级数 $\sum\limits_{n=1}^{\infty}x_n$ 发散。

从定义 2.4 知，级数的敛散性依赖于其部分和数列 $\{s_n\}$ 的敛散性。

例 2.1　判断等比级数 $\sum\limits_{n=1}^{\infty}q^n$ 的敛散性，其中 q 是实数。

解：当 $q\neq1$ 时，$s_n=q+q^2+\cdots+q^n=\dfrac{q-q^{n+1}}{1-q}$

当 $|q|<1$ 时，$\lim\limits_{n\to\infty}q^{n+1}=0$，所以 $\lim\limits_{n\to\infty}s_n=\lim\limits_{n\to\infty}\dfrac{q-q^{n+1}}{1-q}=\dfrac{q}{1-q}$，此时等比级数 $\sum\limits_{n=1}^{\infty}q^n$ 收敛，且 $\sum\limits_{n=1}^{\infty}q^n=\dfrac{q}{1-q}$；

当 $|q|>1$ 时，$\lim\limits_{n\to\infty}q^{n+1}$ 不存在，所以 $\lim\limits_{n\to\infty}s_n$ 也不存在，此时等比级数 $\sum\limits_{n=1}^{\infty}q^n$ 发散；

当 $q=1$ 时，级数为 $1+1+1+\cdots+\cdots$，此时的前 n 项和 $s_n=n$，$\lim\limits_{n\to\infty}s_n=\lim\limits_{n\to\infty}n=\infty$，级数发

散；

当 $q=-1$ 时，级数为 $(-1)+1+(-1)+\cdots+\cdots$，此时的前 n 项和 $s_n=\begin{cases}-1, n \text{ 是奇数} \\ 0, n \text{ 是偶数}\end{cases}$，$\lim\limits_{n\to\infty} s_n$ 不存在，级数发散。

综上，等比级数 $\sum\limits_{n=1}^{\infty} q^n$ 当 $|q|<1$ 时收敛到 $\frac{q}{1-q}$；当 $|q|\geqslant 1$ 时发散。

数项级数为我们求无穷和提供了一种途径，对后面概率论的学习有帮助。

2.1.4 级数趣谈

芝诺悖论是古希腊数学家芝诺提出的一系列关于运动的不可分性的哲学悖论。阿基里斯是古希腊神话中善跑的英雄，在他和乌龟的竞赛中，他的速度为乌龟的 10 倍，乌龟在前面 100 米处起跑，他在后面追，但他永远不可能追上乌龟。芝诺认为在竞赛中，当阿基里斯追到 100 米时，乌龟已经又向前爬了 10 米，于是一个新的起点产生了；阿基里斯必须继续追，而当他追到乌龟爬的这 10 米时，乌龟又已经向前爬了 1 米，阿基里斯只能再追向那个 1 米。就这样，乌龟会制造出无穷个起点，它总能在起点与自己之间制造出一个距离，不管这个距离有多小，但只要乌龟不停地奋力向前爬，阿基里斯就永远也追不上乌龟！

阿基里斯当然能够追上乌龟，聪明的读者你能用无穷级数的知识指出芝诺错在哪里吗？

还有一个有趣的例子。传说古代印度有一位老农，临终前留下遗嘱，要把 19 头牛分给三个儿子，老大分得总数的 $\frac{1}{2}$，老二分得总数的 $\frac{1}{4}$，老三分得总数的 $\frac{1}{5}$，但一头牛也不许宰杀。老农死后三个儿子根据遗嘱，老大可分得：19 头 $\times\frac{1}{2}=9.5$ 头；老二可分得：19 头 $\times\frac{1}{4}=4.75$ 头；老三可分得：19 头 $\times\frac{1}{5}=3.8$ 头。可是老人临终前留下的遗嘱中交代，一头牛也不许宰杀的呀！按照上面的分法，不仅要杀掉三头牛，而且还没有把牛分完。此事被邻居知道后，他想出了一个办法解决了三兄弟的疑难，他把自己家中的一头牛借给了三兄弟，这样共有 20 头牛，于是老大分得：$(19+1)$ 头 $\times\frac{1}{2}=10$ 头；老二分得：$(19+1)$ 头 $\times\frac{1}{4}=5$ 头；老三分得：$(19+1)$ 头 $\times\frac{1}{5}=4$ 头。三兄弟共分去 19 头牛，剩下的一头牛邻居牵了回去。

人们在佩服邻居的高明之余，也有些怀疑：老大应得 9.5 头牛，最后他怎么竟得了 10 头呢？这件事也惊动了数学家，他们决定对此事弄个水落石出。数学家们进行了下面的研究：

19 头牛按老大 $\frac{1}{2}$、老二 $\frac{1}{4}$、老三 $\frac{1}{5}$ 的份额去分，各人分别得 $9\frac{1}{2}$ 头、$4\frac{3}{4}$ 头、$3\frac{4}{5}$ 头。这样显然分不完，还剩下 $\frac{19}{20}$ 头（$19-9\frac{1}{2}-4\frac{3}{4}-3\frac{4}{5}$）。剩下的 $\frac{19}{20}$ 头又要分第二次；于是各人又分得 $\frac{19}{40}$ 头 $(\frac{19}{20}\times\frac{1}{2})$，$\frac{19}{80}$ 头 $(\frac{19}{20}\times\frac{1}{4})$，$\frac{19}{100}$ 头 $(\frac{19}{20}\times\frac{1}{5})$。还没有分完，剩下 $\frac{19}{400}$ 头；于是又进行第三次如此下去……这个过程可以一直延续到无穷，只是每次所剩越来越少了，累计

上述过程：

老大分得：$9\frac{1}{2}+\frac{19}{20}\times\frac{1}{2}+\frac{19}{400}\times\frac{1}{2}+\cdots=\frac{\frac{19}{2}}{1-\frac{1}{20}}=10$（头）

老二分得：$4\frac{3}{4}+\frac{19}{20}\times\frac{1}{4}+\frac{19}{400}\times\frac{1}{4}+\cdots=\frac{\frac{19}{4}}{1-\frac{1}{20}}=5$（头）

老三分得：$3\frac{4}{5}+\frac{19}{20}\times\frac{1}{5}+\frac{19}{400}\times\frac{1}{5}+\cdots=\frac{\frac{19}{5}}{1-\frac{1}{20}}=4$（头）

用等比数列求和的方法分牛是无可辩驳的，无穷级数再次显示了它的威力。

§2.2　函数的极限

因为数列$\{x_n\}$可看作自变量为n的函数$x_n=f(n)$，$n\in N$，所以数列$\{x_n\}$的极限为A，就是当自变量n取正整数而无限增大（即$n\to\infty$）时，对应的函数值$f(n)$无限接近于确定数A。把这一概念扩展开来，就可以得到函数极限的概念：在自变量的某个变化过程中，如果对应的函数值无限接近于某个确定的数，那么这个确定的数就叫做在这一变化过程中的**函数的极限**。这个极限与自变量的变化过程密切相关，自变量的变化过程不同，函数的极限就表现为不同的形式。

对于定义域是实数区间的函数，它的自变量变化趋势有两种可能：

①自变量无限接近某个已知常数x_0，但不等于x_0，称为x趋近于x_0，记为$x\to x_0$；

②自变量的绝对值无限增大，称为x趋于无穷，记为$x\to\infty$。

下面我们根据这两种不同情况，建立函数的极限概念。

2.2.1　$x\to\infty$时的极限

定义 2.5　若x趋于无穷时，函数$f(x)$渐渐地接近某一常数A，则称A为函数$f(x)$当x趋于无穷时的极限，记为$\lim\limits_{x\to\infty}f(x)=A$，或$f(x)\to A(x\to\infty)$，此时称函数$f(x)$当$x$趋于无穷时极限存在。

当然若所讨论的自变量$x>0$，对$|x|$无限增大，记作$x\to+\infty$，$\lim\limits_{x\to+\infty}f(x)=A$；若所讨论的自变量$x<0$，对$|x|$无限增大，就记作$x\to-\infty$，$\lim\limits_{x\to-\infty}f(x)=A$。

例如函数$f(x)=\frac{1}{x}$，当x的绝对值无限增大时，$f(x)=\frac{1}{x}$越来越接近0，则$\lim\limits_{x\to\infty}\frac{1}{x}=0$。函数$f(x)=\frac{1}{\sqrt{x}}$，此时$x>0$无限增大时，$f(x)=\frac{1}{\sqrt{x}}$越来越接近0，则$\lim\limits_{x\to+\infty}\frac{1}{\sqrt{x}}=0$。

$\lim\limits_{x\to\infty}f(x)=A$、$\lim\limits_{x\to+\infty}f(x)=A$、$\lim\limits_{x\to-\infty}f(x)=A$ 三者之间的关系是：$\lim\limits_{x\to\infty}f(x)=A$ 当且仅当 $\lim\limits_{x\to+\infty}f(x)=\lim\limits_{x\to-\infty}f(x)=A$；如果 $\lim\limits_{x\to+\infty}f(x)\neq\lim\limits_{x\to-\infty}f(x)$，则$\lim\limits_{x\to\infty}f(x)$不存在。

例如$\lim\limits_{x\to\infty}\dfrac{x}{\sqrt{x^2+1}}$，当 $x\to+\infty$时，$\dfrac{x}{\sqrt{x^2+1}}=\dfrac{1}{\sqrt{1+\dfrac{1}{x^2}}}$，因此 $\lim\limits_{x\to+\infty}\dfrac{x}{\sqrt{x^2+1}}=\lim\limits_{x\to+\infty}\dfrac{1}{\sqrt{1+\dfrac{1}{x^2}}}=1$

当 $x\to-\infty$时，$\dfrac{x}{\sqrt{x^2+1}}=\dfrac{1}{-\sqrt{1+\dfrac{1}{x^2}}}$，所以 $\lim\limits_{x\to-\infty}\dfrac{x}{\sqrt{x^2+1}}=\lim\limits_{x\to-\infty}\dfrac{1}{-\sqrt{1+\dfrac{1}{x^2}}}=-1$

因为 $\lim\limits_{x\to+\infty}\dfrac{x}{\sqrt{x^2+1}}\neq\lim\limits_{x\to-\infty}\dfrac{x}{\sqrt{x^2+1}}$，所以$\lim\limits_{x\to\infty}\dfrac{x}{\sqrt{x^2+1}}$不存在。

例 2.2 求极限$\lim\limits_{x\to\infty}C$。

解： 当 x 的绝对值无限增大时，常值函数恒等于 C，所以$\lim\limits_{x\to\infty}C=C$。

当 x 的绝对值无限增大时，$f(x)=x^2$ 也越来越大，不接近任何一个常数，此时称 $x\to\infty$ 时，函数极限不存在，又如函数 $f(x)=\sin x$，当 x 的绝对值无限增大时，$\sin x$ 在 -1 和 1 之间“摆动”，不接近任何一个常数，因此 $x\to\infty$时，函数 $f(x)=\sin x$ 极限不存在。

2.2.2 $x\to x_0$ 时 $f(x)$ 的极限

根据上面同样的思路，可以得到 x 趋近于 x_0 时，$f(x)$以 A 为极限的定义：需要注意的是 $x\to x_0$ 指的是 x 接近 x_0，但 $x\neq x_0$。

定义 2.6 设函数 $f(x)$在 x_0 的某个去心邻域①内有定义，若 x 趋于 x_0 时，函数 $f(x)$渐渐接近某一常数 A，则称 A 为函数 $f(x)$当 x 趋近于 x_0 时的极限，记为$\lim\limits_{x\to x_0}f(x)=A$，或 $f(x)\to A(x\to x_0)$，此时称函数 $f(x)$当 x 趋近于 x_0 时极限存在。

例如函数 $f(x)=x^2$，当 $x\to3$ 时，$f(x)=x^2$ 越来越接近 9，则$\lim\limits_{x\to3}x^2=9$。函数 $f(x)=\sin x$，当 $x\to0$ 时，$f(x)=\sin x$ 越来越接近 0，则$\lim\limits_{x\to0}\sin x=0$。

当 $x\to0$ 时，函数 $f(x)=\dfrac{1}{x}$会越来越大，不接近任何一个常数，因此当 $x\to0$ 时，函数 $f(x)=\dfrac{1}{x}$极限不存在。

例 2.3 求极限$\lim\limits_{x\to x_0}C$。

解： 当 $x\to x_0$ 时，常值函数恒等于 C，所以$\lim\limits_{x\to x_0}C=C$。

例 2.2 与例 2.3 说明常值函数在任何取极限的方式下，极限均存在，且极限就等于其本身。

例 2.4 求极限$\lim\limits_{x\to x_0}x$。

解： 当 $x\to x_0$ 时，函数 $y=x$ 趋近于 x_0，所以$\lim\limits_{x\to x_0}x=x_0$。

以后这个结论可以直接使用。

---

① 强调去心邻域是为了保证 $x\neq x_0$。

2.2.3　单侧极限

在上述 $x\to x_0$ 时函数 $f(x)$ 的极限概念中，x 是既从 x_0 的左侧也从 x_0 的右侧趋近于 x_0 的。但有时只能或只需要考虑仅从 x_0 的左侧（记为 $x\to x_0^-$）或只从 x_0 的右侧趋近于 x_0（记为 $x\to x_0^+$），称之为单侧极限，下面我们要来讨论单侧极限的问题。

定义 2.7　设函数 $f(x)$ 在 x_0 的某个去心右邻域内有定义。若从 x_0 的右侧趋于 x_0 时，函数渐渐地接近某一常数 A，则称 A 为函数 $f(x)$ 当 x 趋于 x_0 时的右极限，记为 $\lim\limits_{x\to x_0^+}f(x)=A$，或 $f(x_0+0)=A$，此时称函数当 x 趋于 x_0 时右极限存在。

例 2.5　求极限 $\lim\limits_{x\to 0^+}\dfrac{|x|}{x}$。

解： $\lim\limits_{x\to 0^+}\dfrac{|x|}{x}=\lim\limits_{x\to 0^+}\dfrac{x}{x}=1$

类似的，有左极限的定义

定义 2.8　设函数 $f(x)$ 在 x_0 的某个去心左邻域内有定义。若从 x_0 的左侧趋于 x_0 时，函数渐渐地接近某一常数 A，则称 A 为函数 $f(x)$ 当 x 趋于 x_0 时的左极限，记为 $\lim\limits_{x\to x_0^-}f(x)=A$，或 $f(x_0-0)=A$，此时称函数当 x 趋于 x_0 时左极限存在。

例 2.6　求极限 $\lim\limits_{x\to 0^-}\dfrac{|x|}{x}$。

解： $\lim\limits_{x\to 0^-}\dfrac{|x|}{x}=\lim\limits_{x\to 0^-}\dfrac{-x}{x}=-1$

定理 2.5　$\lim\limits_{x\to x_0}f(x)=A$ 充要条件是：两个单侧极限存在且都等于 A，即

$$\lim_{x\to x_0^+}f(x)=\lim_{x\to x_0^-}f(x)=A\Leftrightarrow\lim_{x\to x_0}f(x)=A$$

例 2.7　验证 $\lim\limits_{x\to 0}\dfrac{|x|}{x}$ 不存在。

证明：由例 2.5 及例 2.6 知 $\lim\limits_{x\to 0^+}\dfrac{|x|}{x}\neq\lim\limits_{x\to 0^-}\dfrac{|x|}{x}$ 所以 $\lim\limits_{x\to 0}\dfrac{|x|}{x}$ 不存在。

例 2.8　函数的图像如图 2.1 所示，根据图像计算下列极限。

① $\lim\limits_{x\to 2^-}g(x)$　　② $\lim\limits_{x\to 2^+}g(x)$　　③ $\lim\limits_{x\to 2}g(x)$

④ $\lim\limits_{x\to 5^-}g(x)$　　⑤ $\lim\limits_{x\to 5^+}g(x)$　　⑥ $\lim\limits_{x\to 5}g(x)$

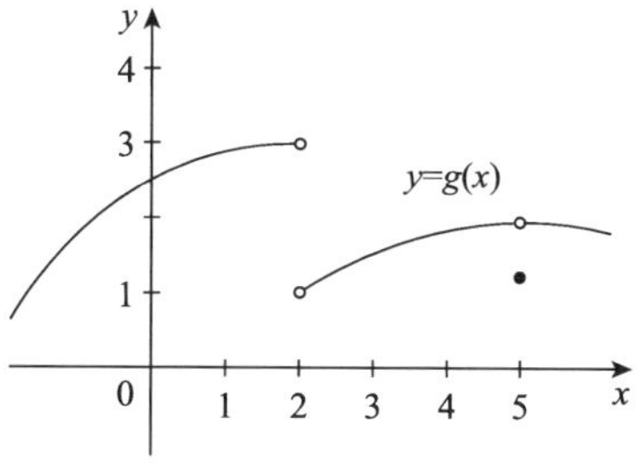

图 2.1

解：如图，$\lim\limits_{x\to2^-}g(x)=3$，$\lim\limits_{x\to2^+}g(x)=1$，$\lim\limits_{x\to2^-}g(x)\neq\lim\limits_{x\to2^+}g(x)$，所以$\lim\limits_{x\to2}g(x)$不存在；$\lim\limits_{x\to5^-}g(x)=2$，$\lim\limits_{x\to5^+}g(x)=2$，$\lim\limits_{x\to5^-}g(x)=\lim\limits_{x\to5^+}g(x)=2$，所以$\lim\limits_{x\to5}g(x)$存在且等于2。

例 2.9 函数

$$f(x)=\begin{cases}5-3x, & x>0\\ 10, & x=0\\ 5+x^2, & x<0\end{cases}$$

求：①$\lim\limits_{x\to0^-}f(x)$；②$\lim\limits_{x\to0^+}f(x)$；③$\lim\limits_{x\to0}f(x)$。

解：①$\lim\limits_{x\to0^-}f(x)=\lim\limits_{x\to0^-}5+x^2=5$

②$\lim\limits_{x\to0^+}f(x)=\lim\limits_{x\to0^+}5-3x=5$

③因为$\lim\limits_{x\to0^-}f(x)=\lim\limits_{x\to0^+}f(x)=5$，所以$\lim\limits_{x\to0}f(x)=5$

若将例 2.9 的函数改为

$$f_1(x)=\begin{cases}5-3x, & x>0\\ 8, & x=0\\ 5+x^2, & x<0\end{cases}$$

读者会发现此函数在 $x=0$ 的左极限、右极限和极限值都不变，从这个例题可以看出函数在某点的极限值与函数在该点的函数值是没有关系的，甚至与函数在该点是否有定义也无关，即使将函数改为

$$f_2(x)=\begin{cases}5-3x, & x>0\\ 5+x^2, & x<0\end{cases}$$

我们发现函数在 $x=0$ 的左极限、右极限和极限值仍不变。因此，读者应该了解函数在 x_0 的极限刻画的是自变量趋近于 x_0 时函数的变化趋势，与函数在 x_0 是否有定义、函数在 x_0 的函数值均无关，这就是在定义中，强调“函数在 x_0 的某个**去心**邻域内有定义”的原因。

§2.3 极限的运算法则

对于一些简单函数我们都是通过观察的方法来求极限，但是在实际中我们经常遇到一些比较复杂的函数，很难观察出极限，因此需要了解一些极限的运算法则，帮助我们计算出极限。在数学中，最简单的就是加、减、乘、除四则运算，因此我们介绍极限的四则运算法则。因为该法则对 $x\to\infty$、$x\to+\infty$、$x\to-\infty$、$x\to x_0$、$x\to x_0^+$、$x\to x_0^-$、$n\to\infty$等 7 种极限形式均成立，为了表示方便，在描述定理时，用 $\lim f(x)$来表示所有的 7 种极限。

定理 2.6 若 $\lim f(x)$、$\lim g(x)$存在，则 $\lim[f(x)\pm g(x)]$、$\lim f(x)g(x)$都存在，且

$$\lim[f(x)\pm g(x)]=\lim f(x)\pm\lim g(x)$$

$$\lim f(x)g(x)=\lim f(x)\lim g(x)$$

此定理的结论可以推广到有限个函数的情形，即对于有限个极限存在的函数来说，和与差的极限等于极限的和与差，乘积的极限等于极限的乘积。

推论 1　若 $\lim f(x)$ 存在，且 k 为常数，则

$$\lim kf(x)=k\lim f(x)$$

推论 2　若 $\lim f(x)$ 存在，n 为自然数，则

$$\lim\,[f(x)]^n=[\lim f(x)]^n$$

推论 3　若 $\lim f(x)$ 存在，n 为自然数，则

$$\lim\sqrt[n]{f(x)}=\sqrt[n]{\lim f(x)}$$

定理 2.7　若 $\lim f(x)$、$\lim g(x)$ 存在，且 $\lim g(x)\neq 0$，则

$$\lim\frac{f(x)}{g(x)}=\frac{\lim f(x)}{\lim g(x)}$$

例 2.10　求 $\lim\limits_{x\to x_0}[a_0x^n+a_1x^{n-1}+\cdots+a_{n-1}x+a_n]$。

解： $\lim\limits_{x\to x_0}[a_0x^n+a_1x^{n-1}+\cdots+a_{n-1}x+a_n]$

$=\lim\limits_{x\to x_0}a_0x^n+\lim\limits_{x\to x_0}a_1x^{n-1}+\cdots+\lim\limits_{x\to x_0}a_{n-1}x+\lim\limits_{x\to x_0}a_n$

$=a_0\lim\limits_{x\to x_0}x^n+a_1\lim\limits_{x\to x_0}x^{n-1}+\cdots+a_{n-1}\lim\limits_{x\to x_0}x+a_n$

$=a_0x_0^n+a_1x_0^{n-1}+\cdots+a_{n-1}x_0+a_n$

此例题说明多项式函数在 x_0 的极限等于多项式在该点的函数值，以后读者可以直接利用这条性质求多项式函数在 x_0 的极限。

例 2.11　求 $\lim\limits_{x\to 2}\dfrac{x^3-1}{x^2+2x-3}$。

解： $\lim\limits_{x\to 2}\dfrac{x^3-1}{x^2+2x-3}$

$$=\frac{\lim\limits_{x\to 2}x^3-\lim\limits_{x\to 2}1}{\lim\limits_{x\to 2}x^2+2\lim\limits_{x\to 2}x-\lim\limits_{x\to 2}3}=\frac{2^3-1}{2^2+2\times 2-3}=\frac{7}{5}$$

例 2.12　求 $\lim\limits_{x\to 3}\dfrac{x^3-2x+5}{x^2-2x-3}$。

解： $\lim\limits_{x\to 3}x^3-2x+5=3^3-2\cdot 3+5=8$，$\lim\limits_{x\to 3}x^2-2x-3=3^2-2\cdot 3-3=0$

分母极限为 0，不适合极限的除法法则，但此函数的倒数符合除法法则，即 $\lim\limits_{x\to 3}\dfrac{x^2-2x-3}{x^3-2x+5}=\dfrac{0}{8}=0$，则 $\lim\limits_{x\to 3}\dfrac{x^3-2x+5}{x^2-2x-3}=\infty$。

此例题说明，当某函数的极限等于 0 时，其倒数的极限为∞，极限不存在。

例 2.13　求 $\lim\limits_{x\to 3}\dfrac{x^2-x-6}{x^2-2x-3}$。

解： $\lim\limits_{x\to 3}x^2-x-6=3^2-3-6=0$，$\lim\limits_{x\to 3}x^2-2x-3=3^2-2\cdot 3-3=0$，不适合除法法则，我们把这种分子、分母极限均为 0 的情形称为“$\dfrac{0}{0}$”型，目前读者可以利用各种初等变形的方式，将函数变换成非“$\dfrac{0}{0}$”型。

$$\lim_{x\to3}\frac{x^2-x-6}{x^2-2x-3}=\lim_{x\to3}\frac{(x-3)(x+2)}{(x-3)(x+1)}=\lim_{x\to3}\frac{x+2}{x+1}=\frac{3+2}{3+1}=\frac{5}{4}$$

此题是利用因式分解，分子分母同时约掉公因子 $x-3$，达到变换的目的。通过此题可以看到函数 $\frac{x^2-x-6}{x^2-2x-3}$ 在 $x=3$ 没有定义，但它在 $x=3$ 处有极限。

例 2.14 求 $\lim\limits_{x\to0}\frac{\sqrt{x+9}-3}{\sqrt{x+4}-2}$。

解：此题也是“$\frac{0}{0}$”型，用分子分母有理化的方式可以解决：

$$\lim_{x\to0}\frac{\sqrt{x+9}-3}{\sqrt{x+4}-2}=\lim_{x\to0}\frac{(\sqrt{x+9}-3)(\sqrt{x+9}+3)(\sqrt{x+4}+2)}{(\sqrt{x+4}-2)(\sqrt{x+4}+2)(\sqrt{x+9}+3)}=\lim_{x\to0}\frac{x(\sqrt{x+4}+2)}{x(\sqrt{x+9}+3)}$$

$$=\lim_{x\to0}\frac{(\sqrt{x+4}+2)}{(\sqrt{x+9}+3)}=\frac{2}{3}$$

例 2.15 求 $\lim\limits_{x\to3}\sqrt{\frac{x-3}{x^2-9}}$。

解：$\lim\limits_{x\to3}\sqrt{\frac{x-3}{x^2-9}}=\lim\limits_{x\to3}\sqrt{\frac{x-3}{(x-3)(x+3)}}=\lim\limits_{x\to3}\sqrt{\frac{1}{x+3}}=\sqrt{\frac{1}{6}}$

例 2.16 求 $\lim\limits_{x\to1}\frac{x-1}{\sqrt{x}-1}$。

解：$\lim\limits_{x\to1}\frac{x-1}{\sqrt{x}-1}=\lim\limits_{x\to1}\frac{(\sqrt{x}-1)(\sqrt{x}+1)}{\sqrt{x}-1}=\lim\limits_{x\to1}(\sqrt{x}+1)=2$

例 2.17 求 $\lim\limits_{x\to\infty}\frac{x^3-2x+5}{2x^3-3x^2-2x}$。

解：$\lim\limits_{x\to\infty}x^3-2x+5=\infty$，$\lim\limits_{x\to\infty}2x^3-3x^2-2x=\infty$，不适合除法法则，我们把这种分子、分母极限均为∞的情形称为“$\frac{\infty}{\infty}$”型，目前读者可以利用各种初等变形的方式，将函数变换成非“$\frac{\infty}{\infty}$”型。

$$\lim_{x\to\infty}\frac{x^3-2x+5}{2x^3-3x^2-2x}=\lim_{x\to\infty}\frac{1-\frac{2}{x^2}+\frac{5}{x^3}}{2-\frac{3}{x}-\frac{2}{x^2}}=\frac{1}{2}$$

分子、分母同时除以 x 的最高次幂 x^3，将“$\frac{\infty}{\infty}$”型变换成非“$\frac{\infty}{\infty}$”型，利用除法法则解决。

例 2.18 求 $\lim\limits_{x\to+\infty}\frac{(3x+1)^{20}(3x^2-3)^{10}}{(2x^3+1)^{20}}$。

解：此题是“$\frac{\infty}{\infty}$”型，分子分母同时除以 x 的最高次幂 x^{60}

$$\lim_{x\to+\infty}\frac{(3x+1)^{20}(3x^2-3)^{10}}{(2x^3+1)^{20}}=\lim_{x\to+\infty}\frac{\left(\frac{3x+1}{x}\right)^{20}\left(\frac{3x^2-3}{x^4}\right)^{10}}{\left(\frac{2x^3+1}{x^3}\right)^{20}}$$

$$=\lim_{x\to+\infty}\frac{\left(3+\frac{1}{x}\right)^{20}\left(\frac{3}{x^2}-\frac{3}{x^4}\right)^{10}}{\left(2+\frac{1}{x^3}\right)^{20}}=\frac{3^{20}\cdot 0}{2^{20}}=0$$

例 2.19　求$\lim\limits_{x\to\infty}\frac{x^2+1}{x}$。

解： $\lim\limits_{x\to\infty}\frac{x^2+1}{x}=\lim\limits_{x\to\infty}x+\frac{1}{x}=\infty$

通过以上例题，可以得到以下结论

$$\lim_{x\to\infty}\frac{a_0x^m+a_1x^{m-1}+\cdots+a_m}{b_0x^n+b_1x^{n-1}+\cdots+b_n}，(a_0b_0\neq0,m,n\text{ 为非负常数})$$

$$=\begin{cases}\frac{a_0}{b_0}, & \text{当 } n=m\\ 0, & \text{当 } n>m\\ \infty, & \text{当 } n<m\end{cases}$$

例 2.20　求$\lim\limits_{n\to\infty}\left[\frac{1}{n^2}+\frac{2}{n^2}+\cdots+\frac{n}{n^2}\right]$。

解： $\frac{1}{n^2}+\frac{2}{n^2}+\cdots+\frac{n}{n^2}$是无穷和，不能使用加法法则直接求解，

$$\lim_{n\to\infty}\left[\frac{1}{n^2}+\frac{2}{n^2}+\cdots+\frac{n}{n^2}\right]=\lim_{n\to\infty}\frac{(1+n)n}{2n^2}=\lim_{n\to\infty}\frac{n^2+n}{2n^2}=\frac{1}{2}$$

本节介绍了一些求极限的方法，读者需要注意的是当选择极限的四则运算法则计算极限时，一定要验证函数是否满足四则运算法则的要求，当不能直接使用法则时，可以用初等变换的方法对函数进行变形。

§2.4　极限存在性定理与两个重要极限

2.4.1　极限存在性定理

先看关于数列极限的夹逼准则。

定理 2.8　设数列 v_n、u_n、w_n，满足条件：存在常数 K，对于所有的 $n>K$，有

$$v_n<u_n<w_n$$

且$\lim\limits_{n\to\infty}v_n=\lim\limits_{n\to\infty}w_n=A$，则$\lim\limits_{n\to\infty}u_n=A$。

与上述数列极限的夹逼定理类似，函数极限也有夹逼定理。

定理 2.9 设函数 $g(x)$、$f(x)$、$h(x)$ 在 x_0 的某个 δ - 空心邻域内，恒有

$$g(x) \leqslant f(x) \leqslant h(x)$$

且 $\lim\limits_{x \to x_0} g(x) = \lim\limits_{x \to x_0} h(x) = A$，则 $\lim\limits_{x \to x_0} f(x) = A$。

例 2.21 证明 $\lim\limits_{n \to \infty}\left(\frac{1}{\sqrt{n^2+1}} + \frac{1}{\sqrt{n^2+2}} + \cdots + \frac{1}{\sqrt{n^2+n}}\right) = 1$。

证明：因为 $\frac{n}{\sqrt{n^2+n}} \leqslant \frac{1}{\sqrt{n^2+1}} + \frac{1}{\sqrt{n^2+2}} + \cdots + \frac{1}{\sqrt{n^2+n}} \leqslant \frac{n}{\sqrt{n^2+1}}$

$$\lim_{n \to \infty}\frac{n}{\sqrt{n^2+n}} = \lim_{n \to \infty}\frac{1}{\sqrt{1+\frac{1}{n}}} = 1$$

$$\lim_{n \to \infty}\frac{n}{\sqrt{n^2+1}} = \lim_{n \to \infty}\frac{1}{\sqrt{1+\frac{1}{n^2}}} = 1$$

根据夹逼定理，可以得到 $\lim\limits_{n \to \infty}\left(\frac{1}{\sqrt{n^2+1}} + \frac{1}{\sqrt{n^2+2}} + \cdots + \frac{1}{\sqrt{n^2+n}}\right) = 1$。

例 2.22 求极限 $\lim\limits_{x \to 0} x\sin\frac{1}{x}$。

可以用极限的乘法法则来求解吗？$\lim\limits_{x \to 0} x\sin\frac{1}{x} = \lim\limits_{x \to 0} x \cdot \lim\limits_{x \to 0} \sin\frac{1}{x}$，这种做法显然是错误的，因为 $\lim\limits_{x \to 0} \sin\frac{1}{x}$ 并不存在。但是可以根据 $\sin\frac{1}{x}$ 的有界性，利用夹逼定理来解决。

解：因为 $-1 \leqslant \sin\frac{1}{x} \leqslant 1$，所以 $-x \leqslant x \cdot \sin\frac{1}{x} \leqslant x$，而且 $\lim\limits_{x \to 0} x = \lim\limits_{x \to 0}(-x) = 0$，所以 $\lim\limits_{x \to 0} x\sin\frac{1}{x} = 0$。

定理 2.10 设数列 u_n 有界，且单调递增（递减），则 u_n 的极限一定存在。

我们把这个定理称为单调有界原理。

例 2.23 设 $x_1 = \sqrt{a}, x_2 = \sqrt{a+\sqrt{a}}, \cdots, x_n = \sqrt{a+\sqrt{a+\cdots+\sqrt{a}}}, \cdots (a>0)$，证明此数列极限存在。

证明：由 $x_1 = \sqrt{a} > 0, x_2 = \sqrt{a+\sqrt{a}} = \sqrt{a+x_1} > \sqrt{a} = x_1$，

$x_3 = \sqrt{a+\sqrt{a+\sqrt{a}}} = \sqrt{a+x_2} > \sqrt{a+\sqrt{a}} = x_2, \cdots, x_n = \sqrt{a+x_{n-1}} > x_{n-1}$，所以数列 $\{x_n\}$ 为单调递增数列。又由 $x_n = \sqrt{a+x_{n-1}} (x_n > 0)$，有

$$x_n^2 = a + x_{n-1} \tag{2.1}$$

$$\text{或 } x_n = \frac{a}{x_n} + \frac{x_{n-1}}{x_n} \tag{2.2}$$

因为 $x_n > x_{n-1}$，由（2.2）式可得 $x_n < \frac{a}{x_n} + 1$；由（2.1）式知 $x_n^2 > a$ 或 $x_n > \sqrt{a}$

于是有：

$$x_n < \frac{a}{x_n} + 1 < \frac{a}{\sqrt{a}} + 1 = \sqrt{a} + 1$$

故该数列单调有界，数列极限存在。

2.4.2　两个重要极限

例 2.24　猜想极限值 $\lim\limits_{x \to 0} \frac{\sin x}{x}$。

解： 从 $y = \frac{\sin x}{x}$ 的图像及函数值表上分别观察 $x \to 0$ 时（见图 2.1），函数值的变化趋势

x	$\frac{\sin x}{x}$
±1.0	0.84147098
±0.5	0.95885108
±0.4	0.97354586
±0.3	0.98506736
±0.2	0.99334665
±0.1	0.99833417
±0.05	0.99958339
±0.01	0.99998333
±0.005	0.99999583
±0.001	0.99999983

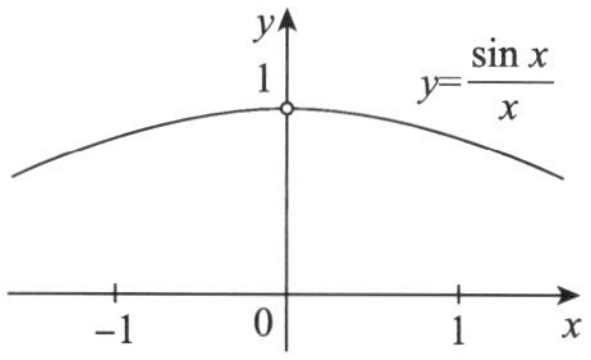

图 2.1

不难发现 $x \to 0$ 时，函数 $y = \frac{\sin x}{x} \to 1$ 这个事实，于是猜测 $\lim\limits_{x \to 0} \frac{\sin x}{x} = 1$，下面我们来证明这个猜想。

为了证明的需要，首先推导一个关键不等式。

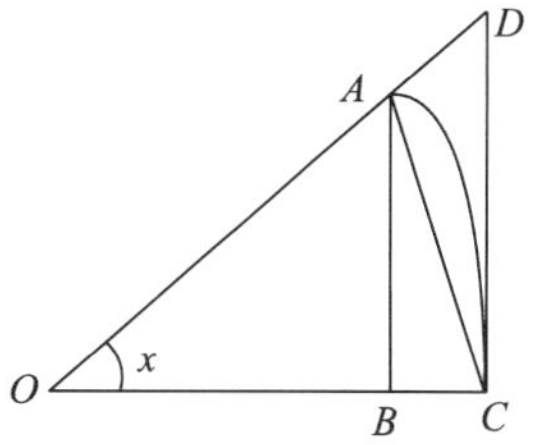

图 2.2

图 2.2 中，设 $\overset{\frown}{AC}$ 是以 O 为圆心，半径为 1 的一段圆弧，$AB \perp OC, CD \perp OC$，x 表示圆心角 $\angle AOC$ 的弧度，则 $AB = \sin x, CD = \tan x$。

$$S_{\triangle AOC} < S_{扇形AOC} < S_{\triangle DOC}$$
$$\frac{1}{2}\sin x < \frac{1}{2}x < \frac{1}{2}\tan x$$

因此当 $0 < x < \frac{\pi}{2}$ 时，有

$$\sin x < x < \tan x$$

两边同时除以 $\sin x$ 得

$$1 > \frac{\sin x}{x} > \cos x$$

注意到$\lim\limits_{x\to 0}\cos x = 1$。因此根据夹逼定理，有

$$\lim_{x\to 0^+}\frac{\sin x}{x} = 1$$

由于$\frac{\sin x}{x}$，$\cos x$ 均为偶函数，所以当 $x<0$ 时，上述不等式仍然成立，即 $-\frac{\pi}{2}<x<0$ 时，$1 > \frac{\sin x}{x} > \cos x$，类似的方法可以证明

$$\lim_{x\to 0^-}\frac{\sin x}{x} = 1$$

于是有

$$\lim_{x\to 0}\frac{\sin x}{x} = 1$$

例 2.25 求$\lim\limits_{x\to 0}\frac{\sin 3x}{3x}$。

解： 令 $u=3x$，当 $x\to 0$ 时，$u=3x\to 0$，因此原极限变形为

$$\lim_{x\to 0}\frac{\sin 3x}{3x} = \lim_{u\to 0}\frac{\sin u}{u} = 1$$

从例 2.25 可以总结出，利用重要极限$\lim\limits_{x\to 0}\frac{\sin x}{x}=1$ 可以处理一类具有下列特征的极限：

①极限为 “$\frac{0}{0}$” 型，分子为 $\sin\varphi(x)$，分母对应为 $\varphi(x)$；

②在极限状态下，$\varphi(x)\to 0$。

满足以上两条特征的极限，都可以用 $\lim\limits_{\varphi(x)\to 0}\frac{\sin\varphi(x)}{\varphi(x)}=1$ 处理。

例 2.26 求$\lim\limits_{x\to 0}\frac{\sin 3x}{2x}$。

解： $\lim\limits_{x\to 0}\frac{\sin 3x}{2x} = \lim\limits_{x\to 0}\frac{\sin 3x}{3x}\cdot\frac{3}{2} = \frac{3}{2}\cdot\lim\limits_{x\to 0}\frac{\sin 3x}{3x} = \frac{3}{2}$

例 2.27 求$\lim\limits_{x\to \pi}\frac{\sin x}{x-\pi}$。

解： 为了将极限配成标准型，必须改变分子的形式，考虑到

$$\sin x = -\sin(x-\pi)$$

所以$\lim\limits_{x\to \pi}\frac{\sin x}{x-\pi} = -\lim\limits_{x\to \pi}\frac{\sin(x-\pi)}{x-\pi} = -1$

例 2.28 求$\lim\limits_{x\to 0}\frac{\sin 3x}{\tan 2x}$。

解：
$$\begin{aligned}\lim_{x\to 0}\frac{\sin 3x}{\tan 2x} &= \frac{3}{2}\lim_{x\to 0}\frac{\sin 3x}{3x}\frac{2x}{\tan 2x} = \frac{3}{2}\lim_{x\to 0}\frac{\sin 3x 2x\cdot\cos 2x}{3x\quad\sin 2x}\\ &= \frac{3}{2}\lim_{x\to 0}\frac{\sin 3x}{3x}\frac{2x}{\sin 2x}\cdot\cos 2x = \frac{3}{2}\lim_{x\to 0}\frac{\sin 3x}{3x}\lim_{x\to 0}\frac{2x}{\sin 2x}\cdot\lim_{x\to 0}\cos 2x = \frac{3}{2}\end{aligned}$$

例 2.29　猜想极限值 $\lim\limits_{x\to 0}(1+x)^{\frac{1}{x}}$。

解： 从 $y=(1+x)^{\frac{1}{x}}$ 的图像及函数值表上分别观察 $x\to 0$ 时，函数值的变化趋势（如图 2.3）。

x	$(1+x)^{1/x}$
0.1	2.59374246
0.01	2.70481383
0.001	2.71692393
0.0001	2.71814593
0.00001	2.71826824
0.000001	2.71828047
0.0000001	2.71828169
0.00000001	2.71828181

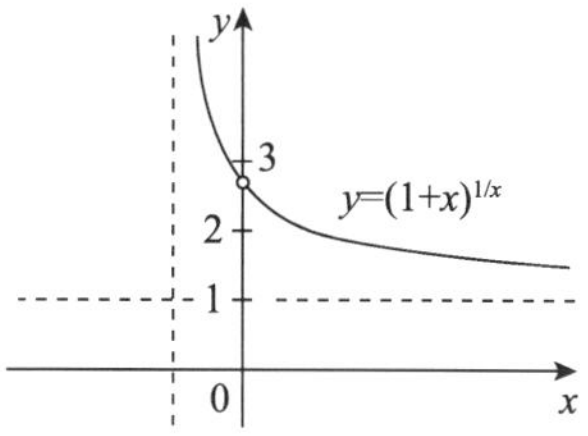

图 2.3

不难发现 $x\to 0$ 时，函数 $(1+x)^{\frac{1}{x}}$ 极限存在，且介于 2 和 3 之间这个事实，下面我们来证明这个猜想。为了说明 $\lim\limits_{x\to 0}(1+x)^{\frac{1}{x}}$ 的存在性，先利用单调有界定理证明极限 $\lim\limits_{n\to\infty}\left(1+\dfrac{1}{n}\right)^n$ 是存在的。

证明：根据二项式展开式，有

$$u_n=\left(1+\frac{1}{n}\right)^n=1+1+C_n^2\frac{1}{n^2}+\cdots+C_n^n\frac{1}{n^n}$$

$$=1+1+\frac{n(n-1)}{2!}\frac{1}{n^2}+\frac{n(n-1)(n-2)}{3!}\frac{1}{n^3}+\cdots+\frac{n(n-1)\cdots(n-n+1)}{n!}\frac{1}{n^n}$$

[注意：其一般项为 $\dfrac{n(n-1)\cdots(n-k+1)}{k!}\dfrac{1}{n^k}=\dfrac{1}{k!}(1-\dfrac{1}{n})\cdots(1-\dfrac{k-1}{n})$]

$$=1+1+\frac{1}{2!}(1-\frac{1}{n})+\frac{1}{3!}(1-\frac{1}{n})(1-\frac{2}{n})+\cdots+\frac{1}{n!}(1-\frac{1}{n})\cdots(1-\frac{n-1}{n})$$

类似地，

$$\left(1+\frac{1}{n+1}\right)^{n+1}=1+1+\frac{1}{2!}(1-\frac{1}{n+1})+\frac{1}{3!}(1-\frac{1}{n+1})(1-\frac{2}{n+1})+\cdots$$
$$+\frac{1}{n!}(1-\frac{1}{n+1})\cdots(1-\frac{n-1}{n+1})+\frac{1}{(n+1)!}(1-\frac{1}{n+1})\cdots(1-\frac{n}{n+1})$$

比较这两项，明显可以看出

$$\left(1+\frac{1}{n}\right)^n<\left(1+\frac{1}{n+1}\right)^{n+1}$$

即 u_n 单调递增。

另外，由于 $1-\dfrac{k}{n}<1$，并且 $\dfrac{1}{k!}<\dfrac{1}{2^{k-1}}(k>2)$。于是

$$u_n=\left(1+\frac{1}{n}\right)^n$$

$$=1+1+\frac{1}{2!}(1-\frac{1}{n})+\frac{1}{3!}(1-\frac{1}{n})(1-\frac{2}{n})+\cdots+\frac{1}{n!}(1-\frac{1}{n})\cdots(1-\frac{n-1}{n})$$

$$\leqslant 1+1+\frac{1}{2!}+\frac{1}{3!}+\cdots+\frac{1}{n!}\leqslant 1+1+\frac{1}{2^1}+\frac{1}{2^2}+\cdots+\frac{1}{2^{n-1}}=1+\frac{1-\frac{1}{2^n}}{1-\frac{1}{2}}=3-\frac{1}{2^{n-1}}<3$$

所以 u_n 有界。因此$\lim\limits_{n\to\infty}\left(1+\dfrac{1}{n}\right)^n$ 存在，且不大于 3，将$\lim\limits_{n\to\infty}\left(1+\dfrac{1}{n}\right)^n$ 的极限用字母 e 表示。进一步研究表明，该极限是一个无理数，且 $e\approx 2.71828\cdots\cdots$。后来人们发现，$e$ 这个数具有许多有趣的、方便的性质，有着广泛的应用，于是，以它为底定义了的指数函数 $y=e^x$ 和对数（自然对数 $y=\ln x$），使用起来非常方便。

可以证明，x 取实数趋于 $+\infty$或 $-\infty$时，函数$\left(1+\dfrac{1}{x}\right)^x$ 的极限都存在且等于 e，即 $\lim\limits_{x\to\infty}\left(1+\dfrac{1}{x}\right)^x=e$。具体证明过程请有兴趣的读者自行查阅数学专业书籍。

例 2.30　求极限$\lim\limits_{x\to 0}(1+\tan^2 x)^{\cot^2 x}$。

解：

令 $u=\cot^2 x$，则当 $x\to 0$ 时，$u=\cot^2 x\to\infty$，且$\tan^2 x=\dfrac{1}{u}$所以

$$\lim_{x\to 0}(1+\tan^2 x)^{\cot^2 x}=\lim_{u\to\infty}\left(1+\frac{1}{u}\right)^u=e$$

从例 2.30 可以总结出，利用重要$\lim\limits_{x\to\infty}\left(1+\dfrac{1}{x}\right)^x=e$ 可以处理一类具有下列特征的极限：

①极限为“1^∞”型，底数为 $1+\varphi(x)$，指数对应为$\dfrac{1}{\varphi(x)}$；

②在极限状态下，$\varphi(x)\to 0$。

满足以上两条特征的极限，都可以用 $\lim\limits_{\varphi(x)\to 0}[1+\varphi(x)]^{\frac{1}{\varphi(x)}}=e$ 来处理。

例 2.31　求极限$\lim\limits_{x\to 0}(1-x)^{\frac{1}{x}}$。

解： $$\lim_{x\to 0}(1-x)^{\frac{1}{x}}=\lim_{x\to 0}[1+(-x)]^{\frac{1}{-x}\cdot(-1)}=\lim_{x\to 0}\frac{1}{[1+(-x)]^{\frac{1}{-x}}}=\frac{\lim\limits_{x\to 0}1}{\lim\limits_{x\to 0}[1+(-x)]^{\frac{1}{-x}}}=\frac{1}{e}$$

§2.5　函数的连续性

2.5.1　连续函数的概念

在实际问题中所遇到的函数往往具有这样的特点：因变量随自变量的变化而连续不断地变化。例如，温度的变化、运动物体的位移等等。如何从数量关系上来刻画这种“连续不断地变化”的特点呢？可以用极限来给出其定义。

令 $\Delta x=x-x_0$，称为**自变量的增量**；$\Delta y=f(x)-f(x_0)=f(x_0+\Delta x)-f(x_0)$，称为**因变量的增量**。

定义 2.9　设函数 $f(x)$在 x_0 的某个邻域内有定义，若

$$\lim_{\Delta x\to 0}\Delta y=\lim_{\Delta x\to 0}[f(x_0+\Delta x)-f(x_0)]=0$$

则称函数 $f(x)$ 在 x_0 处**连续**。

容易得到函数连续的等价定义：

定义 2.10　设函数 $f(x)$ 在 x_0 的某个邻域内有定义，若

$$\lim_{x\to x_0}f(x)=f(x_0)$$

则称函数 $f(x)$ 在 x_0 处**连续**。

由上述两种定义，我们可以得到函数 $f(x)$ 在 x_0 处连续必须满足三个条件：

①函数 $f(x)$ 在 x_0 的邻域内有定义；

②函数 $f(x)$ 在 x_0 处有极限；

③极限值等于函数值。

三个条件缺一不可，其中任何一个不满足，均称为函数在 x_0 处**不连续**，也叫做函数在 x_0 **处间断**。

例如，函数 $f(x)=2x+1$ 在点 $x=2$ 连续，因为

$$\lim_{x\to 2}f(x)=\lim_{x\to 2}(2x+1)=5=f(2)$$

又如，函数

$$f(x)=\begin{cases}x\sin\dfrac{1}{x} & x\neq 0\\ 0, & x=0\end{cases}$$

在点 $x=0$ 处连续，因为

$$\lim_{x\to 0}f(x)=\lim_{x\to 0}x\sin\frac{1}{x}=0=f(0)^{①}$$

例 2.32　讨论函数 $f(x)=\begin{cases}x+2, x\geqslant 0\\ x-2, x<0\end{cases}$ 在点 $x=0$ 处的连续性。

解：因为

$$\lim_{x\to 0^+}f(x)=\lim_{x\to 0^+}(x+2)=2$$

$$\lim_{x\to 0^-}f(x)=\lim_{x\to 0^-}(x-2)=-2$$

在 $x=0$ 处极限不存在，所以它在 $x=0$ 处不连续。

思考：函数 $f(x)=|x|$ 在点 $x=0$ 处是否连续？

定义 2.11　若函数 $f(x)$ 在区间 (a,b) 内处处连续，则称 $f(x)$ 是区间 (a,b) 内的**连续函数**。

值得注意的是，函数的连续性是逐点定义的。

2.5.2　初等函数的连续性

基本初等函数有常值函数、幂函数、指数函数、对数函数、三角函数和反三角函数，这些函数在其定义域内是都连续的。可以证明由这些基本初等函数经过四则运算、复合运算所得到的**初等函数**，在其有定义的区间内均连续。例如函数 $y=\dfrac{x}{\sqrt{x-1}}$，在区间 $(1,\infty)$ 上有定

① $\lim\limits_{x\to 0}x\sin\dfrac{1}{x}=0$ 在例 2.22 中已经证明。

义，而且它是一个初等函数，因此 $y=\frac{x}{\sqrt{x-1}}$ 在区间$(1,\infty)$连续。在计算 $\lim\limits_{x\to 5}\frac{x}{\sqrt{x-1}}$ 时，由于连续性其极限值等于函数值，易得

$$\lim_{x\to 5}\frac{x}{\sqrt{x-1}}=\frac{5}{2}$$

因此连续性给极限的运算带来了极大的方便，只要读者能判断函数在 $x=x_0$ 处连续，则函数在该点的极限值就等于该点的函数值。

习 题 二

1. 设 $x_n=\frac{3n+2}{n+1}$，求 $|x_1-3|$、$|x_{10}-3|$、$|x_{100}-3|$、$|x_n-3|$。

2. 下面的计算是否正确，为什么？应怎样计算？

$$\lim_{n\to\infty}\frac{1+2+\cdots+n}{n^2}=\lim_{n\to\infty}\left(\frac{1}{n^2}+\frac{2}{n^2}+\cdots+\frac{n}{n^2}\right)$$

$$=\lim_{n\to\infty}\frac{1}{n^2}+\lim_{n\to\infty}\frac{2}{n^2}+\cdots+\lim_{n\to\infty}\frac{n}{n^2}=0$$

3. 求下列极限：

（1）$\lim\limits_{n\to\infty}\frac{3n^2+2}{2n^2-1}$　　（2）$\lim\limits_{n\to\infty}\frac{3n^2+2}{2n^3-1}$

（3）$\lim\limits_{n\to\infty}(\sqrt{n^2+n}-n)$　　（4）$\lim\limits_{n\to\infty}\frac{(-2)^n+3^n}{(-2)^{n+1}+3^{n+2}}$

4. 描出函数 $f(x)=\begin{cases}2-x, x<-1\\ x, -1\leqslant x\leqslant 1\\ 4, x=1\\ 4-x, x>1\end{cases}$ 的图形。利用图形说明下列每个极限的值（若存在）：

（1）$\lim\limits_{x\to -1^-}f(x)$　　（2）$\lim\limits_{x\to -1^+}f(x)$　　（3）$\lim\limits_{x\to -1}f(x)$

（4）$\lim\limits_{x\to 1^-}f(x)$　　（5）$\lim\limits_{x\to 1^+}f(x)$　　（6）$\lim\limits_{x\to 1}f(x)$

5. 求下列极限：

（1）$\lim\limits_{x\to\infty}\frac{x^2+x-2}{x^2-3x+2}$　　（2）$\lim\limits_{x\to\infty}\frac{x\sin x}{x^2+4}$

（3）$\lim\limits_{x\to\infty}\frac{(2x+1)^{30}(3x-1)^{20}}{(x+2)^{50}}$　　（4）$\lim\limits_{x\to\infty}\left(1+\frac{1}{x}\right)\left(2-\frac{1}{x^2}\right)$

（5）$\lim\limits_{x\to +\infty}(\sqrt{x^2+x}-x)$　　（6）$\lim\limits_{x\to\infty}\frac{x^2+x}{x^4-3x^2+1}$

6. 计算下列极限：

（1）$\lim\limits_{n\to\infty}\left(1+\frac{1}{2}+\frac{1}{4}+\cdots+\frac{1}{2^n}\right)$　　（2）$\lim\limits_{n\to\infty}\frac{1+2+\cdots+n}{n^2}$

(3) $\lim\limits_{n\to\infty}\dfrac{(n+1)(n+2)(n+3)}{5n^3}$　　(4) $\lim\limits_{n\to\infty}\left(\dfrac{1+2+\cdots+n}{n}-\dfrac{n}{2}\right)$

7. 求下列极限:

(1) $\lim\limits_{x\to 0}\dfrac{x^2+x-2}{x^2-3x+2}$　　(2) $\lim\limits_{x\to 0}\dfrac{2x+3}{x}$

(3) $\lim\limits_{x\to 0}\dfrac{\sqrt{9+x}-3}{x}$　　(4) $\lim\limits_{x\to 4}\dfrac{\sqrt{1+2x}-3}{\sqrt{x}-2}$

(5) $\lim\limits_{x\to\sqrt{3}}\dfrac{x^2-3}{x^2+1}$　　(6) $\lim\limits_{x\to 0}\dfrac{4x^3-2x^2+x}{3x^2+2x}$

(7) $\lim\limits_{h\to 0}\dfrac{(x+h)^2-x^2}{h}$　　(8) $\lim\limits_{x\to 1}\left(\dfrac{1}{x-1}+\dfrac{3}{1-x^3}\right)$

(9) $\lim\limits_{x\to -1}\dfrac{x^2-x-2}{x+1}$　　(10) $\lim\limits_{h\to 0}\dfrac{(1+h)^4-1}{h}$

(11) $\lim\limits_{x\to -2}\dfrac{x+2}{x^2-x-6}$　　(12) $\lim\limits_{t\to 9}\dfrac{9-t}{3-\sqrt{t}}$

(13) $\lim\limits_{t\to 0}\dfrac{\sqrt{2-t}-\sqrt{2}}{t}$　　(14) $\lim\limits_{x\to 0}\dfrac{x}{\sqrt{1+3x}-1}$

(15) $\lim\limits_{x\to 2}\dfrac{x-\sqrt{3x-2}}{x^2-4}$　　(16) $\lim\limits_{x\to 1}\dfrac{\sqrt{x}-x}{1-\sqrt{x}}$

8. 已知$\lim\limits_{x\to x_0}f(x)=-2,\lim\limits_{x\to x_0}g(x)=0,\lim\limits_{x\to x_0}h(x)=8$，求下列极限值（若存在）

(1) $\lim\limits_{x\to x_0}[f(x)+h(x)]$　　(2) $\lim\limits_{x\to x_0}\sqrt[3]{h(x)}$

(3) $\lim\limits_{x\to x_0}\dfrac{f(x)}{h(x)}$　　(4) $\lim\limits_{x\to x_0}\dfrac{h(x)}{g(x)}$

(5) $\lim\limits_{x\to x_0}\dfrac{5f(x)}{h(x)-f(x)}$

9. 若对于所有的 x，有 $1\leqslant f(x)\leqslant x^2+2x+2$，求 $\lim\limits_{x\to -1}f(x)$。

10. 利用夹逼定理证明:

(1) $\lim\limits_{n\to\infty}\left(\dfrac{1}{\sqrt{n^2+1}}+\dfrac{1}{\sqrt{n^2+2}}+\cdots+\dfrac{1}{\sqrt{n^2+n}}\right)=1$

(2) $\lim\limits_{n\to\infty}\left(\dfrac{1}{n^2}+\dfrac{1}{(n+1)^2}+\cdots+\dfrac{1}{(n+n)^2}\right)=1$

11. 计算下列极限:

(1) $\lim\limits_{x\to 0}x^2\sin\dfrac{1}{x}$　　(2) $\lim\limits_{x\to 0^+}\sqrt{x}\cos^3 x$

(3) $\lim\limits_{x\to 0}\dfrac{\sin ax}{x}$　　(4) $\lim\limits_{x\to 0}\dfrac{\tan bx}{x}$

(5) $\lim\limits_{x\to 0}x\cot 2x$　　(6) $\lim\limits_{x\to 0}\dfrac{1-\cos 2x}{x\sin x}$

(7) $\lim\limits_{x\to a}\dfrac{\sin x-\sin a}{x-a}$　　(8) $\lim\limits_{x\to 0}\dfrac{\tan x-\sin x}{x^3}$

（9）$\lim\limits_{x\to\infty}\left[\dfrac{\sin\dfrac{1}{3x}}{\sin\dfrac{1}{5x}}\right]$

12. 计算下列极限：

（1）$\lim\limits_{x\to 0}(1-x)^{\frac{1}{x}}$

（2）$\lim\limits_{x\to 0+0}\sqrt[x]{1+2x}$

（3）$\lim\limits_{x\to\infty}(1+\dfrac{1}{x})^{\frac{x}{2}}$

（4）$\lim\limits_{x\to\infty}(\dfrac{2x+3}{2x+1})^{x}$

（5）$\lim\limits_{x\to\infty}(1-\dfrac{2}{x})^{3x}$

13. 是否存在数 a 可使 $\lim\limits_{x\to -2}\dfrac{3x^2+ax+a+3}{x^2+x-2}$ 存在？如果可以，试求出数 a 和极限值。

14. 求函数 $y=-x^2+\dfrac{1}{2}x$ 当 $x=1,\Delta x=0.5$ 时的增量。

15. 求函数 $y=\sqrt{1+x}$ 当 $x=3,\Delta x=-0.2$ 时的增量。

16. 求下列函数的连续区间，并求极限：

（1）$f(x)=\dfrac{1}{\sqrt[3]{x^2-6x+8}}$ 并求 $\lim\limits_{x\to 0}f(x)$

（2）$f(x)=\sqrt{x-2}+\sqrt{4-x}$，并求 $\lim\limits_{x\to 3}f(x)$

（3）$f(x)=\ln\arcsin x$，并求 $\lim\limits_{x\to\frac{1}{2}}f(x)$

17. 设 $f(x)=\begin{cases}x,0<x<1\\1,1<x<2\end{cases}$

（1）求 $f(x)$ 在 $x\to 1$ 时的左右极限，并判断 $\lim\limits_{x\to 1}f(x)$ 是否存在；

（2）求 $f(1)$，并判断 $f(x)$ 在 $x=1$ 处是否连续；

（3）求 $f(x)$ 的连续区间。

18. 设函数 $f(x)=\begin{cases}0, & x<0\\ x, & 0\leqslant x<1\\ -x^2+4x-2, & 1\leqslant x<3\\ 4-x, & 3\leqslant x\end{cases}$

（1）求函数的定义域，并作出该函数的图形；

（2）判断 x = 1，2，3 处是否是该函数的连续点；

（3）该函数在其定义域内是否连续？

第3章

微　分　学

微分学是微积分的重要组成部分，它的基本概念是导数与微分。导数研究的是函数随自变量变化的快慢程度，它来源于许多实际问题中的变化率，描述了非均匀变化的现象在某瞬间的变化快慢。函数的微分是讨论函数在一点的附近能否用线性函数来逼近的可能性，俗称局部线性化问题。

§3.1　导数的概念

3.1.1　引例

1629 年，法国数学家费马（Fermat）研究了作曲线的切线和求函数极值的方法。1637 年，他在手稿《求最大值与最小值的方法》中提出了导数的思想。但是与导数概念直接相联系的数学问题是已知曲线求它的切线，这是德国数学家莱布尼兹（Leibniz）在研究几何学过程中建立起来的。

例 3.1　切线的斜率。如图 3.1 所示，曲线 $y=f(x)$ 在其上一点 $P[x_0,f(x_0)]$ 处的切线 PT，是割线 PQ 当动点 Q 沿此曲线无限接近点时 P 的极限位置。割线 PQ 的斜率为 $\tan\alpha=\dfrac{f(x)-f(x_0)}{x-x_0}$，当 $x\to x_0$ 时，动点 Q 沿着曲线 $y=f(x)$ 趋向 P，割线 PQ 趋向切线 PT，如果上述极限存在，则切线 PT 的斜率为

$$k=\tan\beta=\lim_{x\to x_0}\tan\alpha=\lim_{x\to x_0}\frac{f(x)-f(x_0)}{x-x_0}$$

例 3.2　设一种产品的总产量函数为 $Q=Q(t)$，其中 t 为时间，试求总产量在时刻 t_0 的变化率。

解：在 t_0 时刻，总产量为 $Q(t_0)$，在 $t_0+\Delta t$ 时刻，总产量为 $Q(t_0+\Delta t)$。因此在时间段 Δt 内，总产量的改变量为 $\Delta Q=Q(t_0+\Delta t)-Q(t_0)$，总产量的平均变化率为

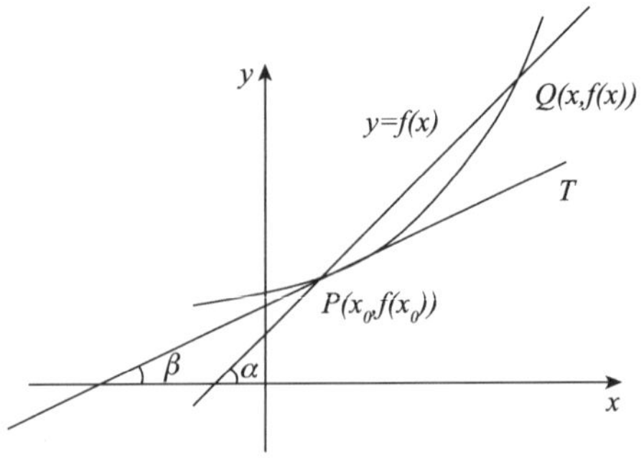

图 3.1

$$\overline{Q}=\frac{\Delta Q}{\Delta t}=\frac{Q(t_0+\Delta t)-Q(t_0)}{\Delta t}$$

当 $\Delta t\to 0$ 时，若上述极限存在，则此极限

$$\lim_{\Delta t\to 0}\overline{Q}=\lim_{\Delta t\to 0}\frac{\Delta Q}{\Delta t}=\lim_{\Delta t\to 0}\frac{Q(t_0+\Delta t)-Q(t_0)}{\Delta t}$$

为总产量在时刻 t_0 的变化率。

以上两个例子虽然反映的具体问题不同，但其数学本质均是因变量的改变量与自变量改变量比值的极限问题。在自然科学和工程技术领域中，甚至在社会科学和经济学中，有很多与变化率相关的问题最终都归结为上述极限形式。我们抛开各具体问题的背景意义，抓住它们在数量关系上的共性，得出函数的导数概念。

3.1.2 导数的定义

定义 3.1 设函数 $y=f(x)$ 在点 x_0 的某邻域内有定义，且当自变量 x 在 x_0 处取得增量 Δx 时，函数相应的增量为 $\Delta y=f(x_0+\Delta x)-f(x_0)$。若当 $\Delta x\to 0$ 时，以下极限存在：

$$\lim_{\Delta x\to 0}\frac{\Delta y}{\Delta x}=\lim_{\Delta x\to 0}\frac{f(x_0+\Delta x)-f(x_0)}{\Delta x} \tag{3.1}$$

则称函数 $y=f(x)$ 在点 x_0 处**可导**，并称此极限为函数在点 x_0 处的**导数**，记为 $f'(x_0)$，也可记作 $y'\big|_{x=x_0}$、$\dfrac{dy}{dx}\bigg|_{x=x_0}$、$\dfrac{df(x)}{dx}\bigg|_{x=x_0}$ 若(3.1)式的极限不存在，则称函数 $y=f(x)$ 在点 x_0 处**不可导**。

若令 $x=x_0+\Delta x$，(3.1)式也可以等价的写为

$$f'(x_0)=\lim_{x\to x_0}\frac{f(x)-f(x_0)}{x-x_0} \tag{3.2}$$

在实际中，需要讨论各种具有不同意义的变量变化“快慢”的问题，即函数的变化率问题，导数就是概括各种变化率的概念而抽象出的数学概念。它抛开了自变量与因变量的实际意义，纯粹从数量方面来刻画变化率的本质，反映的是函数在某点随自变量的变化而变化的快慢程度。

从例 3.1 及导数的定义可知，函数 $y=f(x)$ 在点 x_0 处的导数 $f'(x_0)$ 在几何上表示曲线 $y=f(x)$ 在点 $P[x_0,f(x_0)]$ 处的切线 PT 的斜率，即 $f'(x_0)=\tan\beta$，β 是切线 PT 的倾斜角（图 3.1）。所以曲线 $y=f(x)$ 在点 $P[x_0,f(x_0)]$ 处的切线 PT 的方程为

$$y-f(x_0)=f'(x_0)(x-x_0)$$

如果函数 $y=f(x)$ 在开区间 (a,b) 的每一点均可导，则称函数 $y=f(x)$ 在区间 (a,b) 内可导。这时，对于开区间 (a,b) 内任一点 x，存在惟一确定的导数值 $f'(x)$，这样就构成了一个新的函数关系，这个函数称为函数 $y=f(x)$ 的导函数，记作 $f'(x)$、y'、$\frac{dy}{dx}$、$\frac{df(x)}{dx}$。

$$f'(x)=\lim_{\Delta x\to 0}\frac{f(x+\Delta x)-f(x)}{\Delta x}$$

函数 $y=f(x)$ 在点 x_0 处的导数 $f'(x_0)$ 就是导函数 $f'(x)$ 在点 $x=x_0$ 处的函数值，即 $f'(x_0)=f'(x)\big|_{x=x_0}$。

例 3.3 设 $y=x^n(n\in N)$，求 $f'(1)$，$f'(x)$。

解：
$$f'(1)=\lim_{\Delta x\to 0}\frac{f(1+\Delta x)-f(1)}{\Delta x}=\lim_{\Delta x\to 0}\frac{(1+\Delta x)^n-1^n}{\Delta x}$$
$$=\lim_{\Delta x\to 0}\frac{C_n^1\Delta x+C_n^2(\Delta x)^2+\cdots+C_n^i(\Delta x)^i+\cdots+C_n^n(\Delta x)^n}{\Delta x}=C_n^1=n$$
$$f'(x)=\lim_{\Delta x\to 0}\frac{f(x+\Delta x)-f(x)}{\Delta x}=\lim_{\Delta x\to 0}\frac{(x+\Delta x)^n-x^n}{\Delta x}$$
$$=\lim_{\Delta x\to 0}\frac{C_n^0x^n+C_n^1x^{n-1}\Delta x+C_n^2x^{n-2}(\Delta x)^2+\cdots+C_n^ix^{n-i}(\Delta x)^i+\cdots+C_n^n(\Delta x)^n-x^n}{\Delta x}$$
$$=C_n^1x^{n-1}=nx^{n-1}$$

如果先求出 $f'(x)=nx^{n-1}$，则 $f'(1)=f'(x)\big|_{x=1}=nx^{n-1}\big|_{x=1}=n$。在求函数在某点的导数值时，我们一般采取先求函数的导函数再代值的方法，因此记住一些常用函数的导函数公式对于求导数值是非常有益的。从例 3.3 可知：

$$(x^n)'=nx^{n-1}(n\in N)$$

更一般的，对于幂函数 $y=x^\alpha$（α 为常数），有

$$(x^\alpha)'=\alpha x^{\alpha-1}(\alpha\text{ 为常数})$$

例如 $(x^{-1})'=-x^{-2}$，$(x^{\frac{1}{2}})'=\frac{1}{2}x^{\frac{1}{2}-1}=\frac{1}{2}x^{-\frac{1}{2}}=\frac{1}{2\sqrt{x}}$。

例 3.4 设 $y=\sin x$，求 $f'(x)$，$f'(\pi)$ 及曲线 $y=\sin x$ 在 $x=\pi$ 处的切线方程。

解：
$$f'(x)=\lim_{\Delta x\to 0}\frac{f(x+\Delta x)-f(x)}{\Delta x}=\lim_{\Delta x\to 0}\frac{\sin(x+\Delta x)-\sin x}{\Delta x}$$
$$=\lim_{\Delta x\to 0}\frac{2\cos\frac{2x+\Delta x}{2}\sin\frac{\Delta x}{2}}{\Delta x}=\lim_{\Delta x\to 0}\cos\frac{2x+\Delta x}{2}\cdot\frac{\sin\frac{\Delta x}{2}}{\frac{\Delta x}{2}}$$
$$=\lim_{\Delta x\to 0}\cos\frac{2x+\Delta x}{2}\cdot\lim_{\Delta x\to 0}\frac{\sin\frac{\Delta x}{2}}{\frac{\Delta x}{2}}=\cos x$$

$f'(\pi)=f'(x)\big|_{x=\pi}=\cos x\big|_{x=\pi}=-1$，表示曲线 $y=\sin x$ 在 $x=\pi$ 处切线的斜率，因此曲线 $y=\sin x$ 在 $x=\pi$ 处的切线方程为 $y-\sin\pi=-1(x-\pi)$，即

$$y=\pi-x$$

因此正弦函数 $y=\sin x$，有 $(\sin x)'=\cos x$，类似的可以得到余弦函数的导函数公式

$(\cos x)' = -\sin x$（请读者推导）。

例 3.5 求函数 $y=|x|$ 在 $x=0$ 处的导数。

解： $\lim\limits_{x\to 0}\dfrac{f(x)-f(0)}{x}=\lim\limits_{x\to 0}\dfrac{|x|-|0|}{x}=\lim\limits_{x\to 0}\dfrac{|x|}{x}$

当 $x<0$ 时，$\lim\limits_{x\to 0^-}\dfrac{|x|}{x}=-1$；当 $x>0$ 时，$\lim\limits_{x\to 0^+}\dfrac{|x|}{x}=1$

所以 $\lim\limits_{x\to 0}\dfrac{|x|}{x}$ 不存在，即函数 $y=|x|$ 在 $x=0$ 处不可导。

定义 3.2 设函数 $y=f(x)$ 在点 x_0 的某邻域内有定义，且当自变量 x 在 x_0 处取得增量 Δx 时，函数相应的增量为 $\Delta y=f(x_0+\Delta x)-f(x_0)$。若当 $\Delta x\to 0^-$ 时，极限 $\lim\limits_{\Delta x\to 0^-}\dfrac{f(x_0+\Delta x)-f(x_0)}{\Delta x}$ 存在，则称其为函数 $y=f(x)$ 在点 x_0 处的左导数，记为 $f'_-(x_0)$；若当 $\Delta x\to 0^+$ 时，极限 $\lim\limits_{\Delta x\to 0^+}\dfrac{f(x_0+\Delta x)-f(x_0)}{\Delta x}$ 存在，则称其为函数 $y=f(x)$ 在点 x_0 处的右导数，记为 $f'_+(x_0)$。

定理 3.1 函数 $y=f(x)$ 在 x_0 处可导的充分必要条件是 $f(x)$ 在 x_0 处的左、右导数存在且相等。

如果函数 $y=f(x)$ 在开区间 (a,b) 的每一点均可导，且在左端点 a 处 $f'_+(a)$ 存在，在右端点 b 处 $f'_-(b)$ 存在，则称函数 $y=f(x)$ 在闭区间 $[a,b]$ 内可导。

3.1.3 可导与连续

定理 3.2 函数 $y=f(x)$ 在 x_0 处可导，则函数 $y=f(x)$ 在 x_0 处连续。

从定理中可知可导必连续，但是连续并不一定可导。例 3.5 就能说明这个问题，$y=|x|$ 在 $x=0$ 处连续，但是在该点函数不可导。

一般地，如果函数图像在某点处出现尖点，如图 3.2、图 3.3 所示，则函数在该点不可导。

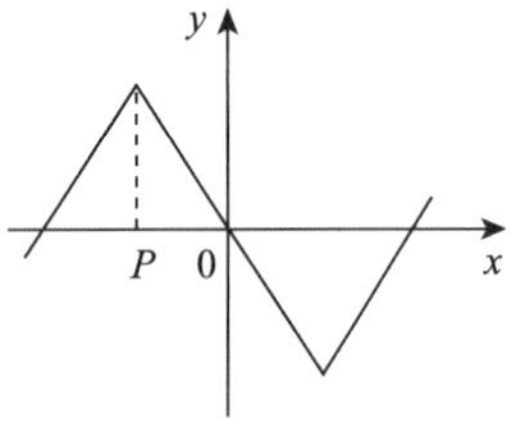

图 3.2

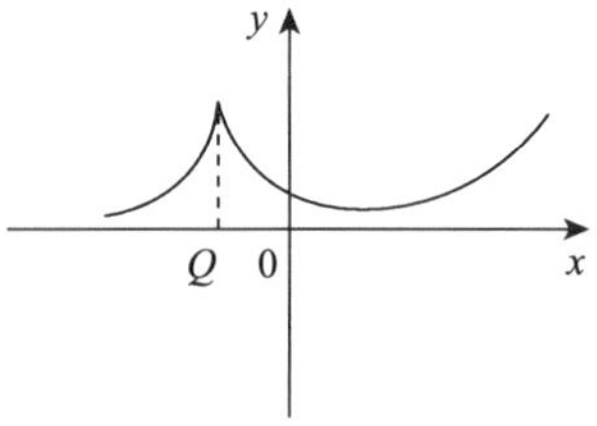

图 3.3

§3.2 导数的运算

本节将介绍基本初等函数的求导公式、求导基本法则及常用的求导方法，借助这些工具就能方便地求出常见函数的导数。

3.2.1 基本初等函数的求导公式

第一节中已经推导了幂函数、正弦函数、余弦函数的求导公式，下面继续给出常值函数、对数函数的求导公式。

例 3.6 设$f(x)=C$，求$f'(x)$。

解： $f'(x)=\lim\limits_{\Delta x\to 0}\dfrac{f(x+\Delta x)-f(x)}{\Delta x}=\lim\limits_{\Delta x\to 0}\dfrac{C-C}{\Delta x}=0$

此题的结论即为$(C)'=0$，常数的导数等于零。

例 3.7 设$f(x)=\ln x$，求$f'(x)$。

解： $f'(x)=\lim\limits_{\Delta x\to 0}\dfrac{f(x+\Delta x)-f(x)}{\Delta x}=\lim\limits_{\Delta x\to 0}\dfrac{\ln(x+\Delta x)-\ln x}{\Delta x}=\lim\limits_{\Delta x\to 0}\dfrac{\ln\left(1+\dfrac{\Delta x}{x}\right)}{\Delta x}$

$$=\lim_{\Delta x\to 0}\frac{\ln\left(1+\dfrac{\Delta x}{x}\right)^{\frac{x}{\Delta x}}}{x}=\frac{\ln e}{x}=\frac{1}{x}$$

此题的结论即为$(\ln x)'=\dfrac{1}{x}$；更一般的有$\log_a x=\dfrac{1}{x\ln a}(a>0,a\neq 1)$，这个公式会在后面给出证明。

至此，我们利用导数的定义，给出了如下最常见的函数的导函数公式，其中⑤没有给出证明，对⑤的证明有兴趣的读者可以查阅数学专业书籍：

①$(C)'=0$；

②$(x^\alpha)'=\alpha x^{\alpha-1}$；

③$(\sin x)'=\cos x$；

④$(\cos x)'=-\sin x$；

⑤$(a^x)'=a^x\ln a(a>0,a\neq 1),(e^x)'=e^x$；

⑥$(\log_a x)'=\dfrac{1}{x\ln a}(a>0,a\neq 1),(\ln x)'=\dfrac{1}{x}$；

⑦$(\tan x)'=\sec^2 x$；

⑧$(\cot x)'=-\csc^2 x$；

⑨$(\sec x)'=\sec x\tan x$；

⑩$(\csc x)'=-\csc x\cot x$；

⑪* $(\arcsin x)'=\dfrac{1}{\sqrt{1-x^2}}$；

⑫* $(\arccos x)'=-\dfrac{1}{\sqrt{1-x^2}}$；

⑬* $(\arctan x)'=\dfrac{1}{1+x^2}$；

⑭* $(\operatorname{arccot} x)'=-\dfrac{1}{1+x^2}$

公式⑥～⑭会在后文中陆续证明。

3.2.2 导数的四则运算法则

定理 3.3 设函数$u(x)$、$v(x)$在x处可导，则它们的和、差、积、商（除分母为零的点外）在x处均可导，且

①$[u(x)\pm v(x)]'=u'(x)\pm v'(x)$

②$[u(x)\cdot v(x)]'=u'(x)v(x)+u(x)v'(x)$

③$\left(\dfrac{u(x)}{v(x)}\right)'=\dfrac{u'(x)v(x)-u(x)v'(x)}{v^2(x)}$

证明*：在证明过程中，用 Δx 表示自变量的增量，Δu 表示相应函数 $u(x)$ 的增量，Δv 表示相应函数 $v(x)$ 的增量，即

$$\Delta u = u(x+\Delta x) - u(x),\Delta v = v(x+\Delta x) - v(x)$$

且 $u'(x) = \lim\limits_{\Delta x\to 0}\dfrac{\Delta u}{\Delta x}, v'(x) = \lim\limits_{\Delta x\to 0}\dfrac{\Delta v}{\Delta x}, \lim\limits_{\Delta x\to 0}u(x+\Delta x) = u(x), \lim\limits_{\Delta x\to 0}v(x+\Delta x) = v(x)$

则 $[u(x+\Delta x)\pm v(x+\Delta x)] - [u(x)\pm v(x)] = \Delta u \pm \Delta v$

$$\begin{aligned}&u(x+\Delta x)v(x+\Delta x) - u(x)v(x)\\&\quad= [u(x+\Delta x)v(x+\Delta x) - u(x+\Delta x)v(x)] + [u(x+\Delta x)v(x) - u(x)v(x)]\\&\quad= u(x+\Delta x)\cdot\Delta v + \Delta u\cdot v(x)\end{aligned}$$

$$\begin{aligned}\frac{u(x+\Delta x)}{v(x+\Delta x)} - \frac{u(x)}{v(x)} &= \frac{u(x+\Delta x)v(x) - v(x+\Delta x)u(x)}{v(x+\Delta x)v(x)}\\&= \frac{[u(x+\Delta x)v(x) - u(x)v(x)] + [u(x)v(x) - v(x+\Delta x)u(x)]}{v(x+\Delta x)v(x)}\\&= \frac{\Delta u\cdot v(x) - \Delta v\cdot u(x)}{v(x+\Delta x)v(x)}\end{aligned}$$

$$\begin{aligned}①(u(x)\pm v(x))' &= \lim_{\Delta x\to 0}\frac{[u(x+\Delta x)\pm v(x+\Delta x)] - [u(x)\pm v(x)]}{\Delta x}\\&= \lim_{\Delta x\to 0}\frac{\Delta u\pm\Delta v}{\Delta x} = \lim_{\Delta x\to 0}\frac{\Delta u}{\Delta x}\pm\lim_{\Delta x\to 0}\frac{\Delta v}{\Delta x} = u'(x)\pm v'(x)\end{aligned}$$

有限个函数的情形与此类似。

$$\begin{aligned}&②(u(x)v(x))'\\&\quad= \lim_{\Delta x\to 0}\frac{[u(x+\Delta x)v(x+\Delta x)] - [u(x)v(x)]}{\Delta x}\\&\quad= \lim_{\Delta x\to 0}\frac{u(x+\Delta x)\cdot\Delta v + \Delta u\cdot v(x)}{\Delta x} = \lim_{\Delta x\to 0}\frac{\Delta u}{\Delta x}\cdot v(x) + \lim_{\Delta x\to 0}\frac{u(x+\Delta x)\cdot\Delta v}{\Delta x}\\&\quad= u'(x)v(x) + u(x)v'(x)\end{aligned}$$

利用数学归纳法可以将②推广至有限个函数的情形，例如：

$$(uvw)' = u'vw + uv'w + uvw'$$

若令 $u(x)\equiv C$（C 为常数），则 $[Cv(x)]' = Cv'(x)$。

$$\begin{aligned}③\left(\frac{u(x)}{v(x)}\right)' &= \lim_{\Delta x\to 0}\frac{\dfrac{u(x+\Delta x)}{v(x+\Delta x)} - \dfrac{u(x)}{v(x)}}{\Delta x} = \lim_{\Delta x\to 0}\frac{\Delta u\cdot v(x) - \Delta v\cdot u(x)}{v(x+\Delta x)v(x)\Delta x}\\&= \lim_{\Delta x\to 0}\frac{\Delta u\cdot v(x)}{v(x+\Delta x)v(x)\Delta x} - \lim_{\Delta x\to 0}\frac{\Delta v\cdot u(x)}{v(x+\Delta x)v(x)\Delta x}\\&= \frac{v(x)}{v(x)}\lim_{\Delta x\to 0}\frac{\Delta u}{v(x+\Delta x)\Delta x} - \frac{u(x)}{v(x)}\lim_{\Delta x\to 0}\frac{\Delta v}{v(x+\Delta x)\Delta x}\\&= \frac{u'(x)v(x) - u(x)v'(x)}{v^2(x)}\end{aligned}$$

若令 $u(x)\equiv 1$，则 $\left(\dfrac{1}{v(x)}\right)' = -\dfrac{v'(x)}{v^2(x)}$

例 3.8　证明求导公式⑦～⑩。

证明：$(\tan x)' = \left(\dfrac{\sin x}{\cos x}\right)' = \dfrac{(\sin x)'\cos x - \sin x\,(\cos x)'}{\cos^2 x}$

$$= \frac{\cos^2 x + \sin^2 x}{\cos^2 x} = \frac{1}{\cos^2 x} = \sec^2 x$$

$(\cot x)' = -\csc^2 x$ 请读者自证。

$$(\sec x)' = \left(\frac{1}{\cos x}\right)' = -\frac{(\cos x)'}{\cos^2 x} = \frac{\sin x}{\cos^2 x} = \tan x \cdot \sec x$$

$(\csc x)' = -\csc x \cdot \cot x$ 请读者自证。

例 3.9 求 $y = 2x^3 + \ln x - e^x \sin x$ 的导函数。

解：$y' = (2x^3 + \ln x - e^x \sin x)' = (2x^3)' + (\ln x)' - (e^x \sin x)'$

$$= 2(x^3)' + \frac{1}{x} - [(e^x)'\sin x + e^x(\sin x)'] = 6x^2 + \frac{1}{x} - e^x \sin x - e^x \cos x$$

例 3.10 证明 $(\log_a x)' = \dfrac{1}{x\ln a}(a > 0, a \neq 1)$。

证明：$(\log_a x)' = \left(\dfrac{\ln x}{\ln a}\right)' = \dfrac{1}{\ln a}(\ln x)' = \dfrac{1}{\ln a} \cdot \dfrac{1}{x} = \dfrac{1}{x\ln a}$

3.2.3 反函数的求导法则*

定理 3.4 设函数 $x = \varphi(y)$ 在区间 I_y 上严格单调、可导，且 $\varphi'(y) \neq 0$，则其对应的反函数 $y = \varphi^{-1}(x) = f(x)$ 在相应的区间 I_x 也单调、可导，且

$$f'(x) = \frac{1}{\varphi'(y)}$$

其中 $I_x = \{x \mid x = \varphi(y), y \in I_y\}$。

这个结论说明，反函数的导数等于其直接函数导数的倒数。实际上，我们可以借助于导数的几何意义来理解定理 3.4。在 xoy 坐标系内 $x = \varphi(y)$ 与 $y = f(x)$ 的图像是同一条曲线，由导数的几何意义已知，$f'(x) = \tan\alpha$，$\varphi'(y) = \tan\beta$，$\alpha + \beta = \dfrac{\pi}{2}$，如图 3.4 所示，所以

$$f'(x) = \tan\alpha = \tan\left(\frac{\pi}{2} - \beta\right) = \cot\beta = \frac{1}{\tan\beta} = \frac{1}{\varphi'(y)}$$

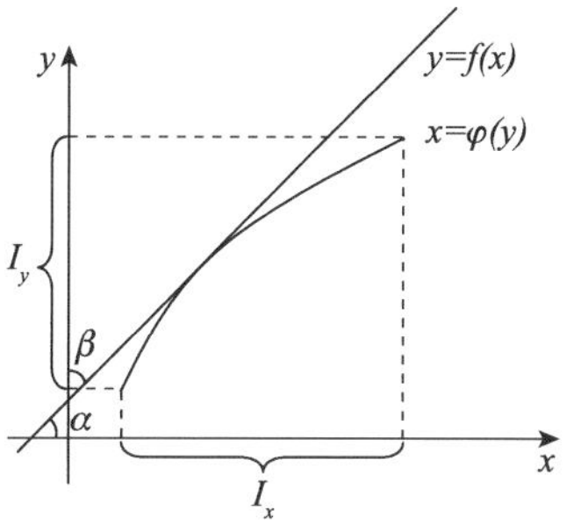

图 3.4

例 3.11 证明求导公式⑪～⑭。

证明：函数 $y=\arcsin x$ 是函数 $x=\sin y\left(-\frac{\pi}{2}\leqslant y\leqslant\frac{\pi}{2}\right)$ 的反函数，且 $x=\sin y$ 在 $I_y=\left(-\frac{\pi}{2},\frac{\pi}{2}\right)$ 内严格单调、可导，$(\sin y)'=\cos y\neq 0$，满足定理3.4条件，所以函数 $y=\arcsin x$ 在 $(-1,1)$ 内每一点均可导，且

$$y'=(\arcsin x)'=\frac{1}{(\sin y)'}=\frac{1}{\cos y}=\frac{1}{\sqrt{1-\sin^2 y}}=\frac{1}{\sqrt{1-x^2}}$$

函数 $y=\arccos x$ 是函数 $x=\cos y(0\leqslant y\leqslant\pi)$ 的反函数，且 $x=\cos y$ 在 $I_y=(0,\pi)$ 内严格单调、可导，$(\cos y)'=-\sin y\neq 0$，满足定理3.4条件，所以函数 $y=\arccos x$ 在 $(-1,1)$ 内每一点均可导，且

$$y'=(\arccos x)'=\frac{1}{(\cos y)'}=-\frac{1}{\sin y}=-\frac{1}{\sqrt{1-\cos^2 y}}=-\frac{1}{\sqrt{1-x^2}}$$

函数 $y=\arctan x$ 是函数 $x=\tan y\left(-\frac{\pi}{2}<y<\frac{\pi}{2}\right)$ 的反函数，且 $x=\tan y$ 在 $I_y=\left(-\frac{\pi}{2},\frac{\pi}{2}\right)$ 内严格单调、可导，$(\tan y)'=\sec^2 y\neq 0$，满足定理3.4条件，所以函数 $y=\arctan x$ 在 $(-\infty,+\infty)$ 内每一点均可导，且

$$y'=(\arctan x)'=\frac{1}{(\tan y)'}=\frac{1}{\sec^2 y}=\frac{1}{1+\tan^2 y}=\frac{1}{1+x^2}$$

类似地，可以证明 $(\operatorname{arccot} x)'=-\frac{1}{1+x^2}$，请读者自证。

3.2.4 复合函数的求导法则

定理3.5 设函数 $u=g(x)$ 在点 x 可导，而 $y=f(u)$ 在点 $u=g(x)$ 可导，则复合函数 $y=f[g(x)]$ 在点 x 可导，且

$$\{f[g(x)]\}'=f'[g(x)]\cdot g'(x)\text{或}\frac{dy}{dx}=f'(u)\cdot g'(x)\text{或}\frac{dy}{dx}=\frac{dy}{du}\cdot\frac{du}{dx}$$

这个求导法则是从外到内，层层求导，也称为链式法则。它还可以推广到多个中间变量的情形，例如，$y=f(u),u=\varphi(t),t=\psi(x)$，则复合函数 $y=f\{\varphi[\psi(x)]\}$ 的导数为

$$\frac{dy}{dx}=f'(u)\cdot\varphi'(t)\cdot\psi'(x)\text{或}\frac{dy}{dx}=\frac{dy}{du}\cdot\frac{du}{dt}\cdot\frac{dt}{dx}$$

在实际应用中要注意符号 $\{f[g(x)]\}'$ 与 $f'[g(x)]$ 的区别，$\{f[g(x)]\}'$ 表示整个复合函数对自变量 x 求导；$f'[g(x)]$ 则表示外层函数 f 对中间变量 u 求导，然后用 $u=g(x)$ 代入。这里还可以看出，导数符号“$\frac{dy}{dx}$”的优点，它不仅明确了求导的函数 y，还指明了求导变量 x，而符号“y'”就没有指明求导变量。

例3.12 已知 $y=e^{x^3}$，求 $\frac{dy}{dx}$。

解：设 $y=e^u,u=x^3$，则

$$\frac{dy}{dx}=\frac{dy}{du}\cdot\frac{du}{dx}=e^u\cdot 3x^2=3x^2e^{x^3}$$

例3.13 证明 $(x^\alpha)'=\alpha x^{\alpha-1}$。

证明：在前文我们证明了幂函数求导公式中当 α 为正整数的情形，现在可以推导 α 为任意实数的情况。$y=x^{\alpha}$ 是 $y=e^{t}$ 与 $t=\alpha\ln x$ 的复合，则

$$\frac{dy}{dx}=\frac{dy}{dt}\cdot\frac{dt}{dx}=e^{t}\cdot\alpha\frac{1}{x}=e^{\alpha\ln x}\cdot\alpha\frac{1}{x}=\alpha x^{\alpha-1}$$

例 3.14　$y=\sin[\cos^2(\tan 3x)]$，求$\frac{dy}{dx}$。

解：
$$\begin{aligned}y'&=\sin'[\cos^2(\tan 3x)]\cdot(\cos^2(\tan 3x))'\\&=\cos[\cos^2(\tan 3x)]\cdot 2\cos(\tan 3x)\cdot[\cos(\tan 3x)]'\\&=\cos[\cos^2(\tan 3x)]\cdot 2\cos(\tan 3x)\cdot[-\sin(\tan 3x)]\cdot(\tan 3x)'\\&=\cos[\cos^2(\tan 3x)]\cdot 2\cos(\tan 3x)\cdot[-\sin(\tan 3x)]\cdot\sec^2 3x\cdot(3x)'\\&=\cos[\cos^2(\tan 3x)]\cdot 2\cos(\tan 3x)\cdot[-\sin(\tan 3x)]\cdot\sec^2 3x\cdot 3\\&=-6\cos[\cos^2(\tan 3x)]\cdot\cos(\tan 3x)\cdot\sin(\tan 3x)\cdot\sec^2 3x\end{aligned}$$

例 3.15　$y=\begin{cases}e^{2x}, & x\geqslant 0\\ x^2+1, & x<0\end{cases}$，求$\frac{dy}{dx}$。

解：当 $x>0$ 时，$y'=2e^{2x}$；当 $x<0$ 时，$y'=2x$；

当 $x=0$ 时，$f'_{+}(0)=\lim\limits_{x\to 0^{+}}\frac{f(x)-f(0)}{x-0}=\lim\limits_{x\to 0^{+}}\frac{e^{2x}-1}{2x}\cdot 2=2$

$$f'_{-}(0)=\lim_{x\to 0^{-}}\frac{f(x)-f(0)}{x-0}=\lim_{x\to 0^{-}}\frac{x^2+1-1}{x}=0$$

$f'_{+}(0)\neq f'_{-}(0)$，函数在 $x=0$ 处不可导，所以

$$y'=\begin{cases}2e^{2x}, & x>0\\ 2x, & x<0\end{cases}$$

分段函数求导函数，由于分段函数在它的各个分段子区间内的表达式都是初等函数，应该根据求导公式分别求出它在各子区间内的导函数，再按导数定义求出它在区间边界点处的导数，最后将结果用分段函数表示出来。

3.2.5　对数求导法*

形如 $y=f(x)^{g(x)}[f(x)>0]$的函数称为幂指函数，这种函数的求导运算，既不能使用幂函数求导法，也不能用指数函数求导公式，而是有以下两种途径来解决。

一是将此函数转化为复合函数形式，应用链式法则求导。因为 $f(x)^{g(x)}=e^{g(x)\ln f(x)}$，所以 $y=f(x)^{g(x)}$是 $y=e^{u}$ 与 $u=g(x)\ln f(x)$的复合，即

$$\begin{aligned}\frac{dy}{dx}&=\frac{dy}{du}\cdot\frac{du}{dx}=e^{u}\cdot[g(x)\ln f(x)]'\\&=e^{g(x)\ln f(x)}\cdot\left[g'(x)\ln f(x)+g(x)\frac{f'(x)}{f(x)}\right]\end{aligned}$$

二是对函数 $y=f(x)^{g(x)}[f(x)>0]$取对数：

$$\ln y=\ln f(x)^{g(x)}=g(x)\ln f(x)$$

等式两边同时对 x 求导，得

$$\frac{y'}{y}=g'(x)\ln f(x)+g(x)\frac{f'(x)}{f(x)}$$

$$y'=f(x)^{g(x)}\cdot\left(g'(x)\ln f(x)+g(x)\frac{f'(x)}{f(x)}\right)$$

例 3.16　$y=x^x(x>0)$，求$\frac{dy}{dx}$。

解： $y=e^{x\ln x}$，所以 $y'=e^{x\ln x}\cdot(x\ln x)'=e^{x\ln x}(\ln x+1)$

例 3.17　$y=x^{2^x}(x>0)$，求$\frac{dy}{dx}$。

解： 对函数取对数

$$\ln y=\ln x^{2^x}=2^x\ln x$$

等式两边同时对 x 求导，得

$$\frac{y'}{y}=(2^x)'\ln x+2^x\ (\ln x)'=2^x\ln 2\ln x+2^x\ \frac{1}{x}$$

$$y'=x^{2^x}\left(2^x\ln 2\ln x+2^x\ \frac{1}{x}\right)$$

例 3.18　设 $y=\frac{\sqrt{x+1}(2x+1)^2}{(x+2)^3e^x}$，求$\frac{dy}{dx}$。

解： 对函数取对数

$$\ln y=\frac{1}{2}\ln(x+1)+2\ln(2x+1)-3\ln(x+2)-x$$

等式两边同时对 x 求导，得

$$\frac{y'}{y}=\frac{1}{2(x+1)}+\frac{4}{2x+1}-\frac{3}{x+2}-1$$

$$y'=\frac{\sqrt{x+1}(2x+1)^2}{(x+2)^3e^x}\left[\frac{1}{2(x+1)}+\frac{4}{2x+1}-\frac{3}{x+2}-1\right]$$

由于函数取对数后，可将原函数关系中的乘除、幂、指数运算化为加减、乘法运算，而加减运算的求导法则比乘除运算容易得多，所以对于一些含有乘除、幂指数运算的函数求导时，建议采取先取对数再求导的方式，这样可以将问题简化，这种方法称为“对数求导法”。

3.2.6　高阶导数

函数 $y=f(x)$ 的导函数 $f'(x)$，作为 x 的函数，仍可以考虑它的导函数，即 $f'(x)$ 的导数 $[f'(x)]'$，简记为 $f''(x)$、$f^{(2)}(x)$、$\frac{d^2y}{dx^2}$、$\frac{d^2f}{dx^2}$，称它为 $y=f(x)$ 的二阶导数。类似地，二阶导数的导数，叫做三阶导数。一般地，$(n-1)$ 阶导数的导数叫做 n 阶导数，记作 $f^{(n)}(x)$、$\frac{d^ny}{dx^n}$、$\frac{d^nf}{dx^n}$。

例 3.19　求 $y=x^3$ 的二阶导数。

解： $y'=3x^2, y''=(y')'=(3x^2)'=6x$

例 3.20　求 $y=e^x$ 的 n 阶导数。

解： $y'=e^x, y''=e^x, y'''=e^x$，……

一般地，可得，$y^{(n)}=e^x$

§3.3 微　　分

在实际问题中，常常需要估计当自变量发生改变时，函数的改变量 $\Delta y=f(x_0+\Delta x)-f(x_0)$。例如估算正方形薄铁片的面积受温度变化的改变情况，当温度发生变化时，正方形的边长由 x_0 变化到 $x_0+\Delta x$，此时面积变化了多少？

$$\Delta S=(x_0+\Delta x)^2-x_0^2=2x_0\Delta x+(\Delta x)^2$$

从上式可以看出，函数的改变量分为两部分，第一部分 $2x_0\Delta x$ 是自变量改变量 Δx 的线性函数，第二部分当 $\Delta x\to 0$ 时，$(\Delta x)^2$ 比 Δx 以更快的速度趋近于 0，通常记为 $o(\Delta x)$①，在近似计算中可以忽略不计。当 $\Delta x\to 0$ 时，往往可以用第一部分“自变量改变量 Δx 的线性函数”去近似代替函数的改变量。

定义 3.3　设函数 $y=f(x)$ 在点 x_0 的邻域内有定义，若函数的改变量 $\Delta y=f(x_0+\Delta x)-f(x_0)$ 可以表示为

$$\Delta y=A\Delta x+o(\Delta x)$$

其中 A 是与 Δx 无关的常数，$o(\Delta x)$ 是 $\Delta x\to 0$ 的高阶无穷小，则称函数 $y=f(x)$ 在点 x_0 处可微，其中 $A\Delta x$ 为函数 $y=f(x)$ 在点 x_0 处的微分，记为 $dy|_{x=x_0}$，即

$$dy|_{x=x_0}=A\Delta x$$

在上面的例子中，函数 $S=x^2$ 在 x_0 处可微，$dS|_{x=x_0}=2x_0\Delta x, A=2x_0$。从定义中可以看出，如果函数 $y=f(x)$ 在点 x_0 处可微，则函数改变量 Δy 可以用微分 dy 来近似，它们之间相差 $o(\Delta x)$，即 $\Delta y\approx dy$。通常把自变量的增量 Δx 称为自变量的微分，记作 dx，即 $dy|_{x=x_0}=Adx$。

定理 3.6　函数 $y=f(x)$ 在点 x_0 处可微的充要条件是 $y=f(x)$ 在点 x_0 处可导，且

$$dy|_{x=x_0}=f'(x_0)dx$$

这个定理不仅说明了可导与可微的关系，也得到了求微分的公式。于是 $f'(x_0)=\left.\dfrac{dy}{dx}\right|_{x=x_0}$，导数可以看成是函数的微分与自变量的微分之商，因此导数又叫做**“微商”**。因为 $\Delta y\approx dy$，所以 $f(x_0+\Delta x)-f(x_0)\approx f'(x_0)\Delta x$，我们通常用这个公式做近似计算。

例 3.21　求函数 $y=x^3$ 在 $x=1$ 当 $\Delta x=0.01$ 时的微分。

解： $dy=f'(x)dx=3x^3\Delta x$，$dy|_{\substack{x=1\\ \Delta x=0.01}}=3x^2\cdot\Delta x|_{\substack{x=1\\ \Delta x=0.01}}=0.03$

例 3.22　函数在 $y=f(x)$ 的 x_0 某邻域内有

$$f(x)-f(x_0)=2(x-x_0)+o(x-x_0)$$

求 $f'(x_0)$。

解： 由可微与可导的关系知 $f'(x_0)=2$。

---

① $o(\Delta x)$ 称为 Δx 的高阶无穷小量，表示 $\lim\limits_{\Delta x\to 0}\dfrac{o(\Delta x)}{\Delta x}=0$。

例 3.23 计算 $\sqrt{0.99}$的近似值。

解： 设 $f(x)=\sqrt{x}, x_0=1, \Delta x=-0.01$，根据 $f(x_0+\Delta x)-f(x_0)\approx f'(x_0)\Delta x$，得

$$\sqrt{0.99}-\sqrt{1}\approx(\sqrt{x})'\Big|_{x=1}\cdot\Delta x=\frac{1}{2}\cdot(-0.01)=-0.005$$

$$\sqrt{0.99}\approx 1+(-0.005)=0.995$$

而 $\sqrt{0.99}=0.99498743710\cdots\cdots$，可以看出用微分做近似计算十分有效。

§3.4 导数的应用

3.4.1 洛必达法则

当 $x\to a(x\to\infty)$时，函数 $f(x)$与 $g(x)$均趋近于 0 或∞，这种极限 $\lim\limits_{\substack{x\to a\\(x\to\infty)}}\frac{f(x)}{g(x)}$不能使用求极限的除法法则，我们把它称为$\frac{0}{0}$型或$\frac{\infty}{\infty}$型的未定式。洛必达法则是计算这类极限的一种非常简单有效的方法。

定理 3.7 （$x\to a$ 的洛必达法则）如果函数 $f(x)$与 $g(x)$满足如下条件：

①$\lim\limits_{x\to a}f(x)=\lim\limits_{x\to a}g(x)=0(\infty)$；

②函数 $f(x)$与 $g(x)$在点 a 的空心邻域内可导，且 $g'(x)\neq 0$；

③$\lim\limits_{x\to a}\frac{f'(x)}{g'(x)}=A(\infty)$。

则

$$\lim_{x\to a}\frac{f(x)}{g(x)}=\lim_{x\to a}\frac{f'(x)}{g'(x)}$$

在上述定理中 $x\to a$ 可以换成 $x\to a^+$、$x\to a^-$，只是定理的第二个条件“点 a 的空心邻域”要相应地变为“点 a 的空心右邻域”或“点 a 的空心左邻域”，其实将 $x\to a$ 换成$x\to\infty$、$x\to+\infty$、$x\to-\infty$也有相似的结论，当然也需要调整定理的第二个条件。这种在一定条件下，通过分子、分母分别求导来计算极限的方法称为“洛必达法则”。

例 3.24 求$\lim\limits_{x\to 1}\frac{x^2-1}{\sqrt{x}-1}$。

解： 当 $x\to 1$ 时，是$\frac{0}{0}$型的未定式，适用洛必达法则：

$$\lim_{x\to 1}\frac{x^2-1}{\sqrt{x}-1}=\lim_{x\to 1}\frac{(x^2-1)'}{(\sqrt{x}-1)'}=\lim_{x\to 1}\frac{2x}{\frac{1}{2\sqrt{x}}}=4$$

在求解过程中应注意的是$\lim\limits_{x\to 1}\frac{2x}{\frac{1}{2\sqrt{x}}}$不再是$\frac{0}{0}$的未定式，不能继续使用洛必达法则。

例 3.25 求$\lim\limits_{x\to 0}\frac{x-\sin x}{x^3}$。

解：当 $x\to 0$ 时，是$\frac{0}{0}$型的未定式，适用洛必达法则：

$$\lim_{x\to 0}\frac{x-\sin x}{x^3}\overset{\frac{0}{0}}{=}\lim_{x\to 0}\frac{(x-\sin x)'}{(x^3)'}=\lim_{x\to 0}\frac{1-\cos x}{3x^2}\overset{\frac{0}{0}}{=}\lim_{x\to 0}\frac{(1-\cos x)'}{(3x^2)'}=\lim_{x\to 0}\frac{\sin x}{6x}=\frac{1}{6}$$

这个例题告诉我们，在使用洛必达法则求极限过程中，如果$\lim\limits_{x\to a}\frac{f'(x)}{g'(x)}$仍是$\frac{0}{0}$型（或$\frac{\infty}{\infty}$型）的未定式，且$f'(x)$、$g'(x)$满足定理 3.7 的条件，洛必达法可以继续使用。

例 3.26 求$\lim\limits_{x\to 0^+}\frac{\ln\tan x}{\ln\tan 2x}$。

解：当 $x\to 0^+$时，是$\frac{\infty}{\infty}$型的未定式，适用洛必达法则：

$$\lim_{x\to 0^+}\frac{\ln\tan x}{\ln\tan 2x}\overset{\frac{\infty}{\infty}}{=}\lim_{x\to 0^+}\frac{(\ln\tan x)'}{(\ln\tan 2x)'}=\lim_{x\to 0^+}\frac{\frac{\sec^2 x}{\tan x}}{\frac{2\sec^2 2x}{\tan 2x}}\overset{\text{化简}}{=\!=}\lim_{x\to 0^+}\cos 2x=1$$

在使用洛必达法则求极限时，化简工作十分必要，它能将求导后非常复杂的函数转化为相对简单的函数关系式，达到简化计算的目的，有利于洛必达法则的使用。

例 3.27 求$\lim\limits_{x\to+\infty}\frac{\ln\left(1+\frac{1}{x}\right)}{\operatorname{arccot}x}$。

解：当 $x\to+\infty$时，是$\frac{0}{0}$型的未定式，适用洛必达法则：

$$\lim_{x\to+\infty}\frac{\ln\left(1+\frac{1}{x}\right)}{\operatorname{arccot}x}=\lim_{x\to+\infty}\frac{\left[\ln\left(1+\frac{1}{x}\right)\right]'}{(\operatorname{arccot}x)'}=\lim_{x\to+\infty}\frac{-\frac{1}{x^2+x}}{-\frac{1}{1+x^2}}\overset{\text{化简}}{=\!=}\lim_{x\to+\infty}\frac{x^2+1}{x^2+x}=1$$

例 3.28 求$\lim\limits_{x\to 0^+}x\ln x$。

解：当 $x\to 0^+$时，这是 $0\cdot\infty$型的极限，不能直接使用洛必达法则，但

$$x\ln x=\frac{\ln x}{\frac{1}{x}}$$

当 $x\to 0^+$时，上式右端就是$\frac{\infty}{\infty}$型的极限，适合洛必达法则：

$$\lim_{x\to 0^+}x\ln x=\lim_{x\to 0^+}\frac{\ln x}{x^{-1}}\overset{\frac{\infty}{\infty}}{=}\lim_{x\to 0^+}\frac{(\ln x)'}{(x^{-1})'}=\lim_{x\to 0^+}\frac{x^{-1}}{-x^{-2}}\overset{\text{化简}}{=\!=}\lim_{x\to 0^+}-x=0$$

当我们遇到 $0\cdot\infty$、$\infty-\infty$、0^0、1^∞、∞^0型的极限时，可以通过函数的变形，将函数改写成$\frac{0}{0}$或$\frac{\infty}{\infty}$的形式，再利用洛必达法则进行计算。

例 3.29 求$\lim\limits_{x\to0^+}x^x$。

解： 当$x\to0^+$时，这是0^0型的极限，不能直接使用洛必达法则，令$y=x^x$，取对数后得$\ln y=x\ln x$，当$x\to0^+$时，右端是$0\cdot\infty$型的极限，由例 3.28 知：

$$\lim_{x\to0^+}\ln y=\lim_{x\to0^+}x\ln x=0$$

而$y=e^{\ln y}$，即：$\lim\limits_{x\to0^+}y=\lim\limits_{x\to0^+}e^{\ln y}=e^{\lim\limits_{x\to0^+}\ln y}=e^0=1$

3.4.2 单调性与极值

利用导数的符号来判断函数的增减性，是导数的几何意义在研究曲线变换规律时的一个应用，充分体现了数形结合的思想。

如图 3.5 所示，点P在递增的曲线段上，此点对应的导数值大于零；而点Q在递减的曲线段上，此点对应的导数值小于零。

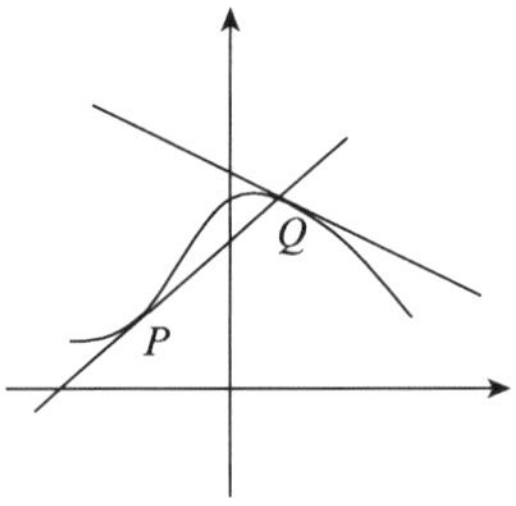

图 3.5

这种直观图形说明，可以用导数的符号来判断函数的单调性。

定理 3.8 设函数$y=f(x)$在$[a,b]$上连续，在(a,b)内可导。

①如果在(a,b)内恒有$f'(x)>0$，则$y=f(x)$在$[a,b]$上严格单调增加。

②如果在(a,b)内恒有$f'(x)<0$，则$y=f(x)$在$[a,b]$上严格单调减少。

注意：①在(a,b)内$f'(x)>0$是$y=f(x)$在$[a,b]$上严格单调增加的充分条件，而不是必要条件。

②函数的单调性是函数在一个区间上的性质，需要用导数在这一区间上的符号来判断，而不能用区间内某一点的导数符号来判断函数在整个区间上的单调性。

③如果在(a,b)内有$f'(x)\geq0(\leq0)$，但是等号仅在个别点处成立，不影响对函数单调性的判断。

求单调区间步骤：

(1) 求函数定义域；

(2) 用$f'(x)=0$及$f'(x)$不存在的点来划分函数的定义区间；

(3) 判断各区间的导数符号；

(4) 利用定理 3.8 判断函数在各区间上的单调性。

例 3.30 确定函数$f(x)=3x-x^3$的单调区间。

解： 函数$f(x)=3x-x^3$的定义域为$(-\infty,+\infty)$，且$f'(x)=3-3x^2$，令$f'(x)=3-3x^2=$

0，得 $x=\pm1$。这两个点将函数的定义域分为三个子区间$(-\infty,-1)$、$(-1,1)$、$(1,+\infty)$，根据导数在这三个子区间的符号来判断函数的单调区间，如表3.1所示。

表3.1

x	$(-\infty,-1)$	-1	$(-1,1)$	1	$(1,+\infty)$
$f'(x)$	$-$	0	$+$	0	$-$
$f(x)$	减	-2	增	2	减

$(-\infty,-1)$、$(1,+\infty)$为函数$f(x)=3x-x^3$的严格单调递减区间，$[-1,1]$为函数的严格单调递增区间。在这里需要说明的是，区间端点的归属不影响结论的正确性。

例3.31 判断函数$f(x)=(2x-5)\sqrt[3]{x^2}$的单调性。

解：$f(x)=(2x-5)\sqrt[3]{x^2}$的定义域为$(-\infty,+\infty)$，$f'(x)=\dfrac{10x-1}{3\sqrt[3]{x}}$，令

$$f'(x)=\frac{10}{3}\cdot\frac{x-1}{\sqrt[3]{x}}=0$$

得$x=1$，且函数在$x=0$处不可导，于是$x=0,1$这两点将函数定义域分为三个子区间$(-\infty,0)$、$(0,1)$、$(1,+\infty)$，根据导数在这三个子区间的符号来判断函数的单调区间，如表3.2所示。

表3.2

x	$(-\infty,0)$	0	$(0,1)$	1	$(1,+\infty)$
$f'(x)$	$+$	不存在	$-$	0	$+$
$f(x)$	增	0	减	-3	增

因此函数$f(x)=(2x-5)\sqrt[3]{x^2}$在区间$(-\infty,0)$、$(1,+\infty)$内严格单调递增，在区间$[0,1]$内严格单调递减。

利用函数的单调性来证明不等式，是不等式证明中一种十分重要的方法。

例3.32 证明当$x>0$时，$x>\sin x$。

证明：设辅助函数$F(x)=x-\sin x$，显然$F(0)=0$，即原不等式变为证明当$x>0$时，$F(x)>F(0)$。又因为

$$F'(x)=1-\cos x>0,(x>0)$$

所以当$x>0$时，函数$F(x)$严格单调递增，即$x>0$时，$F(x)>F(0)=0$，所以

$$x>\sin x$$

定义3.4 设函数$f(x)$在点x_0的某邻域内有定义，如果对该邻域内的任意点$x(x\neq x_0)$，均有$f(x)<f(x_0)$（或$f(x)>f(x_0)$），则称$f(x_0)$是$f(x)$的**极大值**（或**极小值**），称x_0是$f(x)$的**极大值点**（或**极小值点**）。

函数的极大值、极小值统称为函数的极值；极大值点、极小值点统称为函数的极值点。极值反映的是函数的局部性质，$f(x_0)$是$f(x)$的极大值只表明在点x_0的邻域内，$f(x_0)$是最大的，与邻域外$f(x)$的取值无关。如图3.6所示，$f(x_1)$是$f(x)$的极大值，$f(x_2)$是$f(x)$的极小值，但是$f(x_1)<f(x_2)$。

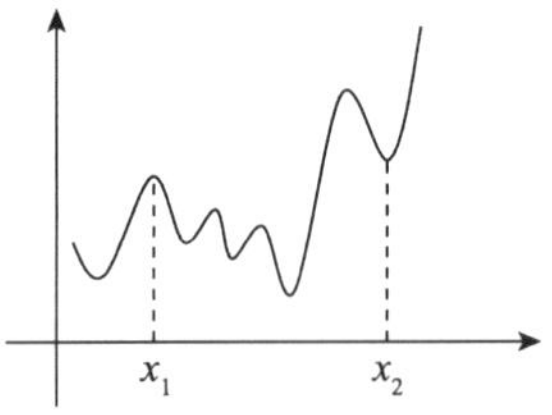

图 3.6

在图 3.7 中可以看出，在极值点 x_4 处，切线平行于 x 轴，该点处导数值为零；在极值点 x_3 处，导数不存在；但是在点 x_5 处，虽然有平行于 x 轴的切线，但是该点不是极值点。

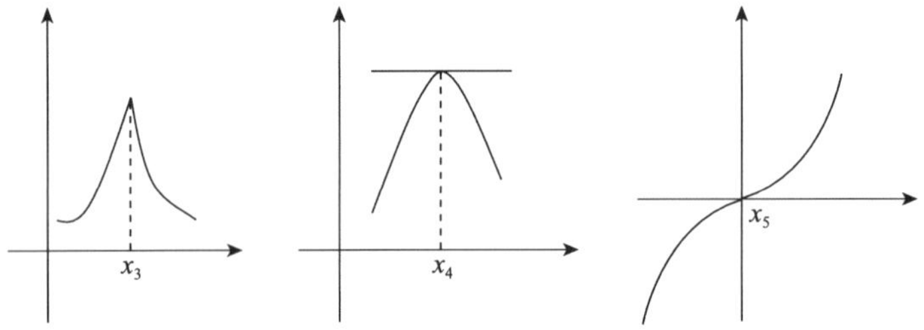

图 3.7

定理 3.9　若 x_0 是函数 $y=f(x)$ 的极值点，那么 $f'(x_0)=0$ 或 $f'(x_0)$ 不存在。

使得 $f'(x)=0$ 的点为函数的驻点。定理 3.9 是判断极值的必要条件，非充要条件。即函数的驻点或不可导点不一定是函数的极值点。

定理 3.10　设函数 $f(x)$ 在点 x_0 的某邻域内连续，在此去心邻域内可导。

①当 $x\in(x_0-\delta,x_0)$ 时，$f'(x)>0$；当 $x\in(x_0,x_0+\delta)$ 时，$f'(x)<0$，那么函数 $f(x)$ 在 x_0 处取得极大值。

②当 $x\in(x_0-\delta,x_0)$ 时，$f'(x)<0$；当 $x\in(x_0,x_0+\delta)$ 时，$f'(x)>0$，那么函数 $f(x)$ 在 x_0 处取得极小值。

③当 $x\in(x_0-\delta,x_0)\cup(x_0,x_0+\delta)$ 时，恒有 $f'(x)>0$（或 $f'(x)<0$），那么函数 $f(x)$ 在 x_0 处没有极值。

图 3.6 和图 3.7 可以帮助大家更直观地理解此定理。根据定理 3.9 和定理 3.10，可以按照以下步骤求函数的极值点和极值：

> 求极值点和极值步骤：
> ①在定义域内求使得 $f'(x)=0$ 及 $f'(x)$ 不存在的点；
> ②考察上述所求点左右邻域的导数符号，由定理 3.10 判断是否为极值点；
> ③求出各极值点处的函数值，即为函数的所有极值。

例 3.33　求函数 $f(x)=3x-x^3$ 的极值。

解：在例题 3.30 中已经讨论了此函数的单调性，由表 3.1 知 $x=-1$ 是函数的极小值点，极小值为 -2；$x=1$ 是函数的极大值点，极大值为 2。

例 3.34　求函数 $f(x)=(2x-5)\sqrt[3]{x^2}$ 的极值。

解：在例题3.31中已经讨论了此函数的单调性，由表3.2知 $x=0$ 是函数的极大值点，极大值为0；$x=1$ 是函数的极小值点，极小值为 -3。

3.4.3 最值

函数的最值与极值是两个不同的概念，最值反映的是函数在整个区间上的整体性质，可以在区间端点处取得。下面给出的是闭区间 $[a,b]$ 上连续函数 $f(x)$ 最值的求法：

求最值步骤：
①求出 $f(x)$ 在区间 (a,b) 内的所有驻点及不可导点；
②求出上述点和区间端点 a、b 处的函数值；
③比较以上函数值，最大的即为最大值，最小的即为最小值。

例3.35 求函数 $f(x)=3x-x^3$ 在区间 $[-2,3]$ 上的最值。

解：由前面的讨论可知 $f(x)=3x-x^3$ 在 $(-2,3)$ 内的驻点是 $x=\pm 1$，没有不可导点。$f(-1)=-2, f(1)=2, f(-2)=2, f(3)=0$，比较可知函数在区间 $[-2,3]$ 上的最大值是2，最小值是 -2。

利用最值也可以证明不等式。

例3.36 证明 $-2\leqslant 3x-x^3\leqslant 2$，其中，$-2\leqslant x\leqslant 3$

这个不等式的证明，其本质就是说明函数 $f(x)=3x-x^3$ 在区间 $[-2,3]$ 上的最大值为2，最小值为 -2。与例3.35的做法完全一致，证明略。

需要特别说明的是，在求实际问题中的最值时，如果目标函数的驻点（或不可导点）惟一，且实际问题表明最值一定存在，并且不可能在区间端点处达到，那么所得的驻点（或不可导点）就是我们要求的最值点。

例3.37 设某公司的利润函数是 $L(x)=-0.2x^3+3x^2+120x-1000$，其中 x 表示产量，求利润的最大值。

解：利润函数的定义域是 $(0,+\infty)$，显然最值不可能在端点取得。令

$L'(x)=-0.6x^2+6x+120=0$，得 $x=50$。由实际问题的判断原则知，利润函数在 $x=50$ 时取得最大值，$L(x)_{\max}=1000$

3.4.4 凹凸性与拐点

如果我们只了解函数在区间上的单调性，是不能准确的掌握函数的图像的，例如已知函数在区间 $[a,b]$ 上单调递增，可以作出如图3.8所示的图像。

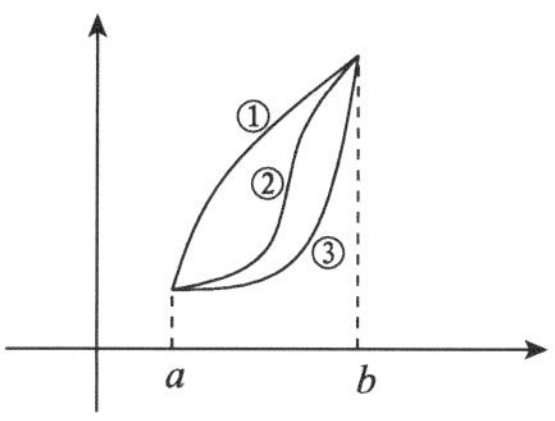

图3.8

仅根据单调性没法判断函数图像是上述三条曲线中的哪一条：①是向上凸的弧（称为凸弧）；③是向下凸的弧（称为凹弧）；而②是先凹后凸的。

从直观上看，凸弧上任意两点的连线位于曲线下方，因此过这两点的弦的中点 A 也在这两点之间的弧段中点 B 的下方，如图 3.9 所示。即

$$\frac{f(x_1)+f(x_2)}{2}<f\left(\frac{x_1+x_2}{2}\right)$$

凹弧则正好相反，$\dfrac{f(x_1)+f(x_2)}{2}>f\left(\dfrac{x_1+x_2}{2}\right)$

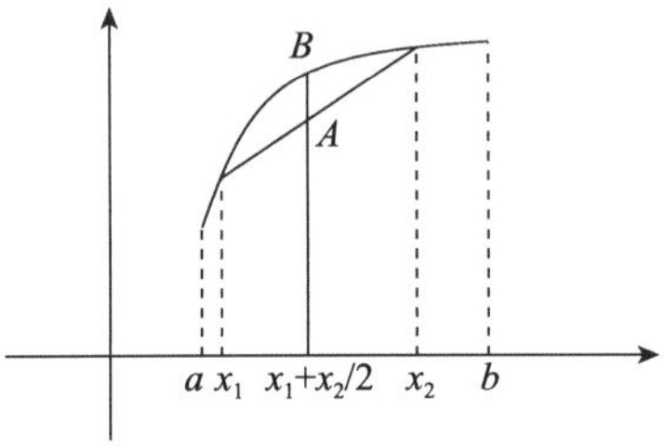

图 3.9

定义 3.5 设函数 $f(x)$ 在区间 I 上连续，如果对任意的 $x_1\neq x_2\in I$，恒有

$$\frac{f(x_1)+f(x_2)}{2}<f\left(\frac{x_1+x_2}{2}\right)$$

则称函数 $f(x)$ 在区间 I 上的图形是向上凸（凸弧）的；如果恒有

$$\frac{f(x_1)+f(x_2)}{2}>f\left(\frac{x_1+x_2}{2}\right)$$

则称函数 $f(x)$ 在区间 I 上的图形是向下凸（凹弧）的。

如图 3.10 所示，在凸弧上每点所对应的切线的斜率会随着 x 的增大不断减小，而凹弧上切线的斜率会随着 x 的增大不断增大。这意味这可以用一阶导数的单调性来判断函数图像的凸凹性。

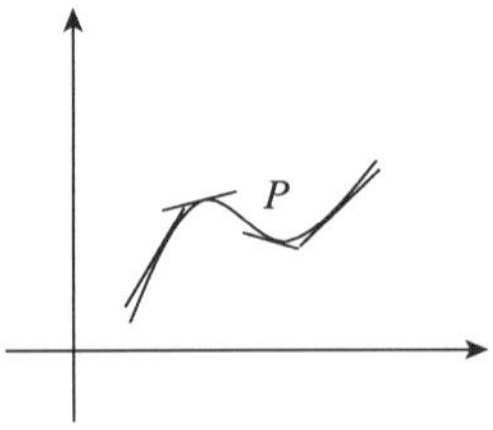

图 3.10

定理 3.11 设函数 $f(x)$ 在 $[a,b]$ 上连续，在 (a,b) 内二阶可导：

①若在 (a,b) 内有 $f''(x)>0$，则曲线 $y=f(x)$ 在 $[a,b]$ 上的图像是凹的；

②若在 (a,b) 内有 $f''(x)<0$，则曲线 $y=f(x)$ 在 $[a,b]$ 上的图像是凸的。

连续曲线上凹弧与凸弧的分界点称为该曲线的拐点。图 3.10 中，点 P 就是拐点。

求凹凸性及拐点的步骤：

①在定义域内求使得 $f''(x)=0$ 及 $f''(x)$ 不存在的点，以这些点为分点将定义域划分为若干个子区间；

②根据定理3.11，利用二阶导数符号，判断曲线在每个子区间的凹凸性；

③若步骤①中某分点左右两个区间的二阶导数异号，则该点为曲线的拐点，反之不是拐点。

例 3.38 求曲线 $y=3x^4-4x^3+1$ 的拐点及凹、凸区间。

解：$y=3x^4-4x^3+1$ 的定义域是 $(-\infty,+\infty)$，$y'=12x^3-12x^2$，$y''=36x^2-24x$，令 $y''=36x^2-24x=0$ 得 $x_1=0$，$x_2=\frac{2}{3}$，这两点将定义域分为三个子区间：$(-\infty,0)$、$\left(0,\frac{2}{3}\right)$、$\left(\frac{2}{3},+\infty\right)$。

表 3.3

x	$(-\infty,0)$	0	$\left(0,\frac{2}{3}\right)$	$\frac{2}{3}$	$\left(\frac{2}{3},+\infty\right)$
y''	+	0	−	0	+
$y=f(x)$	凹		凸		凹

从表3.3知，$(0,1)$，$\left(\frac{2}{3},\frac{11}{27}\right)$是曲线的拐点，曲线在区间 $(-\infty,0)$、$\left(\frac{2}{3},+\infty\right)$凹，在区间$\left(0,\frac{2}{3}\right)$凸。

列表会让求解函数单调性、极值、凹凸性、拐点的过程清晰明了。

习 题 三

1. 函数 $y=g(x)$ 的图像如图，比较 $g'(-1)$、$g'(0)$、$g'(2)$、$g'(4)$ 的大小。

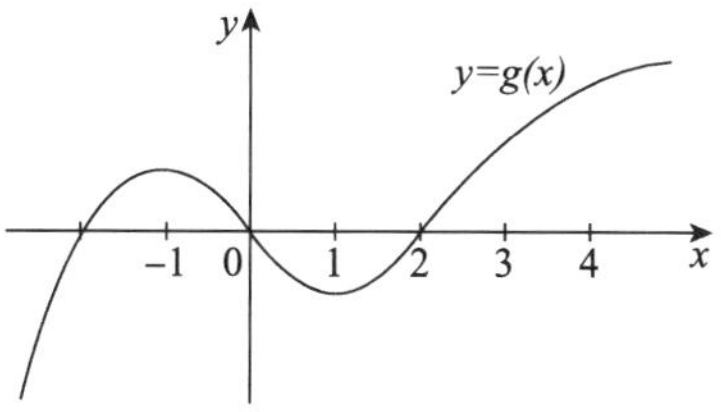

2. 函数 $y=f(x)$ 如图，估计 $f'(0)$、$f'(1)$、$f'(2)$、$f'(4)$ 的值。

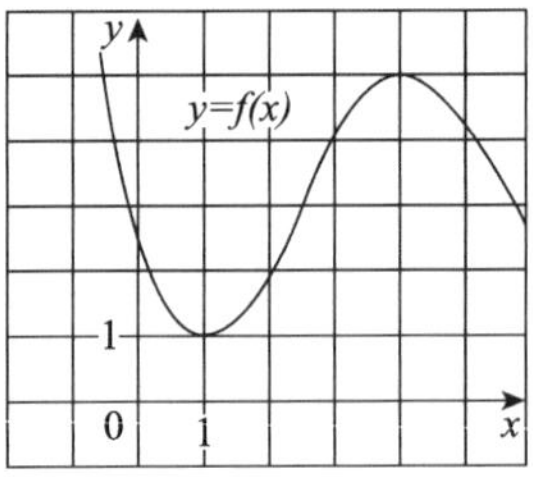

3. 利用导数定义，求下列函数在给定点的导数：

(1) $f(x)=x^3, x_0=1$

(2) $f(x)=\begin{cases} x^2\sin\dfrac{1}{x}, & x\neq 0 \\ 0, & x=0 \end{cases}, x_0=0$

4. 设某工厂生产 x 件产品的成本为

$$C(x)=1000+50x-0.1x^2$$

函数 $C(x)$ 称为成本函数，成本函数的导数 $C'(x)$ 在经济学中称为**边际成本**，试求：

(1) 当 $x=100$ 时的边际成本；

(2) $C(101)-C(100)$，并将结果与 $x=100$ 时的边际成本作比较，思考边际成本的实际意义。

5. 设 $f'(a)=1$，求：

(1) $\lim\limits_{h\to 0}\dfrac{f(a+2h)-f(a)}{h}$　　(2) $\lim\limits_{h\to 0}\dfrac{f(a+2h)-f(a-2h)}{h}$

(3) $\lim\limits_{x\to 0}\dfrac{f(a+\sin x)-f(a)}{x}$

6. 求下列各函数的导数：

(1) $y=x^3-\dfrac{1}{x^3}$　　(2) $y=\sqrt{x}\sin x$

(3) $y=\dfrac{e^x\cos x}{x}$　　(4) $y=e^{-2x}$

(5) $y=\sqrt{x+\sqrt{x}}$　　(6) $y=\ln(1+x^2)$

(7) $y=\sin^2 x+\sin x^2$　　(8) $y=(\arcsin 2x)^3$

(9) $e^{3x}\cos x^2$　　(10) $\dfrac{e^x-e^{-x}}{e^x+e^{-x}}$

7. 设 $f(x)$ 可导，求下列函数的导数：

(1) $y=f^2(x)+f(x^2)$　　(2) $y=f(\sin^2 x)f(\sqrt{\ln x})$

8. 求下列函数的导函数：

(1) $y=x^{\sin x}$　　(2) $y=\sqrt{\dfrac{x(x-1)}{(1+2x)^3e^{2x}}}$

9. 求下列函数的二阶导数：

(1) $y=2x^2+\ln x$　　(2) $y=\sin x+\cos 2x$

(3) $y=xe^{x^2}$

10. 设$f(x)=(x+1)(x+2)(x+3)(x+4)(x+5)$，求$f^{(5)}(x)$。

11. 求下列函数的微分：

(1) $y=\frac{1}{x}+2\sqrt{x}$　　(2) $y=\tan^2(1+2x^2)$

(3) $y=2^{\sin x}$　　(4) $y=\arcsin\sqrt{1-x^2}$

12. 设$y=f(\sin x^2)$，且函数$y=f(x)$可微，则

$df(\sin x^2)=$________　$d\sin x^2=$________　$dx^2=$________dx

13. 求 arctan1.01 的近似值。

14. 计算下列极限：

(1) $\lim\limits_{x\to 0}\frac{e^x-e^{-x}}{\sin x}$　　(2) $\lim\limits_{x\to 0}\frac{\ln(1+x)}{x}$

(3) $\lim\limits_{x\to 1}\frac{x^3-3x+2}{x^3-x^2-x+1}$　　(4) $\lim\limits_{x\to a}\frac{\sin x-\sin a}{x-a}$

(5) $\lim\limits_{x\to +\infty}\frac{e^x+2x}{x^3+x-6}$　　(6) $\lim\limits_{x\to\infty}\frac{e^{\frac{2}{x}}-1}{\arcsin\frac{1}{x}}$

(7) $\lim\limits_{x\to 0}x\cot 2x$　　(8) $\lim\limits_{x\to 0}x^2e^{1/x^2}$

(9) $\lim\limits_{x\to 0^+}x^{\sin x}$　　(10) $\lim\limits_{x\to\infty}\left(1+\frac{a}{x}\right)^x$

15. 确定下列函数的单调区间：

(1) $y=\frac{x^3}{x^2-1}$　　(2) $y=2x+\frac{8}{x}(x>0)$

(3) $y=x\ln x$　　(4) $y=2x^3-6x^2-18x+7$

16. 利用单调性证明不等式：

(1) 当$x>1$时，$e^x>ex$

(2) 当$x>0$时，$1+\frac{1}{2}x>\sqrt{1+x}$

(3) 当$x>4$时，$2^x>x^2$

17. 求下列函数在所给区间上的最值：

(1) $y=\frac{x}{1+x^2}$, $[0,2]$

(2) $y=|x^2-3x=2|$, $[-3,4]$

18. 求下列函数的极值：

(1) $y=\frac{x}{1+x^2}$　　(2) $y=-x^4+2x^2$

(3) $y=x+\tan x$

19. 有一块边长为a的正方形铁皮，从4个角各截去大小一样的小正方形，做成一个无盖的盒子，试问截去边长为多少的小正方形时才能使盒子的容积最大？

20. 函数$f(x)=x^3+ax^2+bx+c$，当a、b、c满足什么关系时，函数$f(x)$一定没有极值？

21. 若$f'(x_0)=0$, $f''(x_0)=0$，函数在x_0处是否有极值？举例说明。

22. 讨论下列曲线的凹凸性，并求曲线的拐点。

（1）$y=\ln(1+x^2)$ （2）$y=x+\frac{1}{x}(x>0)$

（3）$y=(x+1)^4+e^x$

23. 已知曲线 $y=ax^3+bx^2+1$ 以$(1,3)$为拐点，试求 a、b 的值。

第4章

积　分　学

前面一章讲的是一元函数微分学，本章将讨论一元函数积分学。如同加和减、乘和除、乘方和开方等数学运算一样，微分和积分也是互逆运算。一元函数积分学有两个基本内容——不定积分和定积分。

§4.1　不定积分的概念与性质

4.1.1　原函数与不定积分

定义 4.1　设函数 $f(x)$ 是定义在某区间 I 上的函数，如果存在一个函数 $F(x)$，使得在该区间上任何一点都满足 $F'(x)=f(x)$，则称 $F(x)$ 是 $f(x)$ 的一个**原函数**。

例 4.1　在 $(-\infty,+\infty)$ 内，有 $(\sin x)'=\cos x$，所以 $\sin x$ 是 $\cos x$ 在 $(-\infty,+\infty)$ 内的一个原函数。同理 $\sin x+1$，$\sin x-\sqrt{2}$，…，甚至 $\sin x+C$（C 是任意常数）也是 $\cos x$ 的原函数。

定理 4.1　**$F(x)$** 是 $f(x)$ 的一个原函数，则 $F(x)+C$（C 是任意常数）也是 $f(x)$ 的原函数。

定理 4.1 说明：一个函数的导函数只有一个，但是如果函数有原函数，那么它一定有无穷多个原函数。

定理 4.2　若 $F(x)$、$G(x)$ 是 $f(x)$ 的原函数，则 $F(x)-G(x)=C$。

定理 4.1 与定理 4.2 说明：如果 $f(x)$ 的一个原函数是 $F(x)$，那么 $F(x)+C$ 也是 $f(x)$ 的原函数，并且 $f(x)$ 所有原函数都可以用 $F(x)+C$（其中 C 为任意常数）来表示。

定义 4.2　设函数 $f(x)$ 在某区间有原函数 $F(x)$，那么 $f(x)$ 的全体原函数 $F(x)+C$ 称为 $f(x)$ 的**不定积分**。记为 $\int f(x)dx$，即 $\int f(x)dx=F(x)+C$

其中 $\int$ 称为**积分号**，$f(x)$ 称为**被积函数**，x 称为**积分变量**，$f(x)dx$ 称为**被积表达式**，C 称为**积分常数**。

由不定积分的定义，求函数$f(x)$的不定积分，只要求出它的一个原函数，并加上常数C即可。

例 4.2 求不定积分$\int \cos x dx$。

解：因为$(\sin x)' = \cos x$，所以$\sin x$是$\cos x$的一个原函数。于是有：

$$\int \cos x dx = \sin x + C$$

例 4.3 求不定积分$\int 2x dx$。

解：因为$(x^2)' = 2x$，所以x^2是$2x$的一个原函数。于是有：

$$\int 2x dx = x^2 + C$$

例 4.4 求不定积分$\int x^n dx \quad (n \neq -1)$。

解：因为$\left(\frac{x^{n+1}}{n+1}\right)' = x^n$，$(n \neq -1)$，于是有：

$$\int x^n dx = \frac{x^{n+1}}{n+1} + C, (n \neq -1)$$

例 4.5 求不定积分$\int \frac{1}{x} dx$。

解：当$x > 0$时，$(\ln x)' = \frac{1}{x}$，$(x > 0)$，于是有：

$$\int \frac{1}{x} dx = \ln x + C, \quad (x > 0)$$

当$x < 0$时，$[\ln(-x)]' = \frac{1}{-x} \cdot (-1) = \frac{1}{x}$，$(x < 0)$，于是：

$$\int \frac{1}{x} dx = \ln(-x) + C, \quad (x < 0)$$

综合上面两式，得到

$$\int \frac{1}{x} dx = \ln|x| + C, (x \neq 0)$$

求已知函数$f(x)$的原函数的方法，称为不定积分法，简称积分法。根据微分和积分的定义可知，微分和积分互为逆运算。

函数$f(x)$在什么条件下才有原函数，将在后面讨论，这里先给出一个结论：如果函数$f(x)$在某区间上连续，则在该区间上$f(x)$的原函数一定存在。

例 4.6 设曲线通过（1，3）点，且其上任一点处的切线斜率等于这点横坐标的两倍，求此曲线方程。

解：设曲线方程为$y = f(x)$，根据题意可知$f'(x) = 2x$，即$f(x)$是$2x$的一个原函数，由$\int 2x dx = x^2 + C$，知$f(x) = x^2 + C$

又因所求曲线通过点（1，3），代入上式可得：$C = 2$

于是，所求曲线方程为：$y = x^2 + 2$

4.1.2 不定积分的基本性质

性质 1 不定积分与导数或微分互为逆运算，即

① $\frac{d}{dx}[\int f(x)dx] = f(x)$ 或 $d[\int f(x)dx] = f(x)dx$

② $\int F'(x)dx = F(x) + C$ 或 $\int dF(x) = F(x) + C$

这说明，若对一元函数先积分，后求导（或微分），结果两者作用抵消；若先求导（或微分），再积分，则相差一个积分常数。由此可见，积分运算和微分运算互为逆运算。

性质 2 非零的常数因子可以移到不定积分号之前，即：

$$\int kf(x)dx = k\int f(x)dx \ (k \text{ 为非零常数})$$

证明：根据不定积分的定义，只需证明等式右端的导数等于左端的被积函数即可。事实上，由性质 1 可得 $[k\int f(x)dx]' = k[\int f(x)dx]' = kf(x)$，而 $kf(x)$恰好是左端 $\int kf(x)dx$ 的被积函数，于是 $k\int f(x)dx$ 为 $kf(x)$的不定积分。

性质 3 两个函数和的不定积分，等于函数不定积分的和，即：

$$\int[f(x) \pm g(x)]dx = \int f(x)dx \pm \int g(x)dx$$

性质 3 的证明与性质 2 的类似，读者不难作出证明。同时此性质可以推广到有限个函数的情况，即：

$$\int[f_1(x) + f_2(x) + \cdots + f_n(x)]dx = \int f_1(x)dx + \int f_2(x)dx + \cdots + \int f_n(x)dx$$

§4.2 不定积分的计算

4.2.1 基本积分公式及直接积分法

由于求不定积分是求导数的逆运算，所以由基本导数公式对应地可以得到基本积分公式：

① $\int 0dx = C$

② $\int kdx = kx + C(k \neq 0$ 的常数$)$

③ $\int x^{\mu}dx = \frac{x^{\mu+1}}{\mu+1} + C \quad (\mu \neq -1)$

④ $\int \frac{dx}{x} = \ln|x| + C$

⑤ $\int a^x dx = \frac{a^x}{\ln a} + C \quad (a>0, a\neq 1)$

⑥ $\int e^x dx = e^x + C$

⑦ $\int \sin x dx = -\cos x + C$

⑧ $\int \cos x dx = \sin x + C$

⑨ $\int \sec^2 x dx = \tan x + C$

⑩ $\int \csc^2 x dx = -\cot x + C$

⑪ $\int \sec x \tan x dx = \sec x + C$

⑫ $\int \csc x \cot x dx = -\csc x + C$

⑬ $\int \frac{1}{\sqrt{1-x^2}} dx = \arcsin x + C(= -\arccos x + \tilde{C})$

⑭ $\int \frac{1}{1+x^2} dx = \arctan x + C(= -\operatorname{arccot} x + \tilde{C})$

欲证上述各公式成立，只须验证各式右端的导数等于左端不定积分的被积函数即可。以上公式是求不定积分的基础，读者必须熟记。

利用基本积分公式和不定积分的性质，可以求出一些简单的不定积分，通常称此方法为**直接积分法**。

例 4.7 求不定积分 $\int\left(e^x - 3\sin x - \frac{2}{x}\right)dx$。

解： $\int\left(e^x - 3\sin x - \frac{2}{x}\right)dx = \int e^x dx - 3\int \sin x dx - 2\int \frac{1}{x} dx = e^x + 3\cos x - 2\ln|x| + C$

例 4.8 求不定积分 $\int\left(\frac{3}{1+x^2} - \frac{2}{\sqrt{1-x^2}}\right)dx$。

解：

$$\int\left(\frac{3}{1+x^2} - \frac{2}{\sqrt{1-x^2}}\right)dx = 3\int \frac{1}{1+x^2}dx - 2\int \frac{1}{\sqrt{1-x^2}}dx = 3\arctan x - 2\arcsin x + C$$

例 4.9 求不定积分 $\int \frac{2x^2+1}{x^2(1+x^2)}dx$。

解： $\int \frac{2x^2+1}{x^2(1+x^2)}dx = \int \frac{x^2+(1+x^2)}{x^2(1+x^2)}dx = \int\left(\frac{1}{1+x^2} + \frac{1}{x^2}\right)dx = \arctan x - \frac{1}{x} + C$

例 4.10 求不定积分 $\int \tan^2 x dx$。

解： $\int \tan^2 x dx = \int(\sec^2 x - 1)dx = \int \sec^2 x dx - \int dx = \tan x - x + C$

4.2.2 换元积分法

虽然我们利用直接积分法可以计算一些函数的不定积分，但是非常有限。对于更多的不定积分计算，可将复合函数求导法则反过来用，于是得到换元法。由于换元法应用时形式不一样，又分第一换元法和第二换元法。

第一换元法的解题过程可写成如下形式：

$$\int f[\varphi(x)]\,\underline{\varphi'(x)dx} \xlongequal{\text{凑微分}} \int f[\varphi(x)]\,\underline{d\varphi(x)}\ (\text{令 } \varphi(x)=u)$$

$$\xlongequal{\text{换元}} \int f(u)du \xlongequal{\text{积分}} F(u)+C$$

$$\xlongequal{\text{回代}} F[\varphi(x)]+C\ (\text{将 } u=\varphi(x) \text{代回})$$

第一换元法关键步骤是凑微分，因此第一换元法也称凑微分法。

例 4.11 求不定积分 $\int \sin 2x dx$ 。

解法一： $\int \sin 2x dx \xlongequal{\text{凑微分}} \frac{1}{2}\int \sin 2x d2x \overset{u=2x}{=} \frac{1}{2}\int \sin u du$

$$= -\frac{1}{2}\cos u + C = -\frac{1}{2}\cos 2x + C\ (\text{代回原变量})$$

解法二： $\int \sin 2x dx = \int 2\sin x\,\underline{\cos x dx} = \int 2\sin x\,\underline{d\sin x}$ (凑微分)

$= \sin^2 x + C$

解法三： $\int \sin 2x dx = \int 2\sin x\cos x dx = \int 2\cos x\,\underline{\sin x dx} = -\int 2\cos x d\cos x$

$= -\cos^2 x + C$

该例题中的三种解法所作的换元不同，故其结果形式不同，但容易证明 $-\frac{1}{2}\cos 2x$、$\sin^2 x$、$-\cos^2 x$ 之间相差一个常数，它们都是 $\sin 2x$ 原函数。

当运算熟练以后，第一换元法中的变量替换过程可以省略，不再设置新变量 u，直接利用凑微法计算。

例 4.12 求不定积分 $\int (5x+7)^2 dx$ 。

解： $\int (5x+7)^2 dx = \int (5x+7)^2 d\frac{1}{5}(5x+7) = \frac{1}{5}\int (5x+7)^2 d(5x+7)$

$$= \frac{1}{5}\times\frac{1}{3}(5x+7)^3 + C = \frac{1}{15}(5x+7)^3 + C$$

例 4.13 求不定积分 $\int \frac{1}{2x+1}dx$ 。

解： $\int \frac{1}{2x+1}dx = \frac{1}{2}\int \frac{1}{2x+1}d(2x+1) = \frac{1}{2}\ln|2x+1| + C$

例 4.14 求不定积分 $\int \frac{1}{x\ln x}dx$ 。

解： $\int \frac{1}{x\ln x}dx = \int \frac{1}{\ln x}d\ln x = \ln|\ln x| + C$

例 4.15 求不定积分 $\int \tan x dx$ 。

解： $\int \tan x dx = \int \frac{\sin x}{\cos x}dx = -\int \frac{1}{\cos x}d\cos x = -\ln|\cos x| + C$

类似可得 $\int \cot x dx = \ln|\sin x| + C$

例 4.16 求不定积分 $\int \sin^2 x\cos^3 x dx$ 。

解： $\int \sin^2 x\cos^3 x dx = \int \sin^2 x\cos^2 x d\sin x = \int \sin^2 x(1-\sin^2 x)d\sin x$

$$= \frac{1}{3}\sin^3 x - \frac{1}{5}\sin^5 x + C$$

从上面的例子，我们观察到利用凑微分法求不定积分时，需要较高的技巧，我们将常见的凑微分形式归纳如下：

① $\int f(ax+b)dx = \frac{1}{a}\int f(ax+b)d(ax+b), a \neq 0$

② $\int x^{n-1}f(x^n)dx = \frac{1}{n}\int f(x^n)d(x^n)$

③ $\int \frac{1}{\sqrt{x}}f(\sqrt{x})dx = 2\int f(\sqrt{x})d\sqrt{x}$

④ $\int e^x f(e^x)dx = \int f(e^x)de^x$

⑤ $\int \frac{1}{x}f(\ln x)dx = \int (\ln x)d\ln x$

⑥ $\int \cos x \cdot f(\sin x)dx = \int f(\cos x)d\cos x$

⑦ $\int \sin x \cdot f(\cos x)dx = -\int f(\cos x)d\cos x$

当读者不能用凑微法求解不定积分 $\int f(x)dx$ 时，可以引入新变量 t，并用 t 的函数表示 x，从而可以将原不定积分转化为积分变量为 t 的不定积分，以便能运用基本积分公式表计算。此积分法被称为第二积分法。

定理 4.3 设 $x=\varphi(t)$，则：

$$\int f(x)dx \overset{x=\varphi(t)}{=} \int f[\varphi(t)]\varphi'(t)dt \overset{\text{整理}}{=} \int g(t)dt$$

如果 $f(x)$、$x=\varphi(t)$、$\varphi'(t)$ 都是连续函数，$x=\varphi(t)$ 的反函数 $t=\varphi^{-1}(x)$ 存在且可导，并且 $F(t)$ 为函数 $g(t)$ 的一个原函数，则有第二换元积分公式：

$$\int f(x)dx = \int g(t)dt = F(t) + C \overset{t=\varphi^{-1}(x)}{=} F[\varphi^{-1}(x)] + C$$

证明*：因为 $F(t)$ 为 $f[\varphi(t)]\varphi'(t)$ 的一个原函数，于是由复合函数和反函数求导法则，有

$$\{F[\varphi^{-1}(x)]\}' = F'(t)[\varphi^{-1}(x)]' \quad （令\ t=\varphi^{-1}(x)）$$

$$= \{f[\varphi(t)]\varphi'(t)\}\cdot\frac{1}{\varphi'(t)}$$

$$= f[\varphi(t)] = f(x) \quad （用\ x=\varphi(t)\ 代回）$$

即 $F[\varphi^{-1}(x)]$ 是 $f(x)$ 的一个原函数。

第二换元法的解题过程可写成如下形式：

$$\int f(x)dx \xlongequal{\text{换元}} \int f[\varphi(t)]\varphi'(t)dt \xlongequal{\text{整理}} \int g(t)dt \xlongequal{\text{积分}} F(t)+C \xlongequal{\text{回代}} F[\varphi^{-1}(x)]+C$$

第二换元法通常有两种变换：幂函数替换和三角函数替换，其目的是使被积函数有理化，从而简化积分运算。

例 4.17 求不定积分 $\int \frac{x}{\sqrt{x-3}}dx$ 。

解：令 $t=\sqrt{x-3}\ (t>0)$，则 $x=t^2+3$，$dx=2tdt$，于是有

$$\int \frac{x}{\sqrt{x-3}}dx \xlongequal{\text{换元}} \int \frac{t^2+3}{t}\cdot 2tdt \xlongequal{\text{整理}} 2\int(t^2+3)dt \xlongequal{\text{积分}} 2\left(\frac{t^3}{3}+3t\right)+C$$

再将 $t=\sqrt{x-3}$ 代回后整理得：$\int \frac{x}{\sqrt{x-3}}dx=\frac{2}{3}(x+6)(x-3)^{\frac{1}{2}}+C$

例 4.18 求不定积分 $\int \frac{1}{(1+\sqrt[3]{x})\sqrt{x}}dx$ 。

解：令 $t=\sqrt[6]{x}\ (t>0)$，则 $x=t^6$，$dx=6t^5dt$，于是有

$$\int \frac{1}{(1+\sqrt[3]{x})\sqrt{x}}dx=\int \frac{6t^5}{(1+t^2)t^3}dt=6\int \frac{(1+t^2)-1}{1+t^2}dt=6\int 1-\frac{1}{1+t^2}dt$$

$$=6(t-\arctan t)+C$$

再将 $t=\sqrt[6]{x}$ 代回后整理得：$\int \frac{1}{(1+\sqrt[3]{x})\sqrt{x}}dx=6(\sqrt[6]{x}-\arctan\sqrt[6]{x})+C$

例 4.19 求不定积分 $\int \sqrt{a^2-x^2}dx$，$(a>0)$。

解：令 $x=a\sin t\left(|t|<\frac{\pi}{2}\right)$，则 $dx=a\cos tdt$，$t=\arcsin\frac{x}{a}$，于是有

$$\int \sqrt{a^2-x^2}dx=\int \sqrt{a^2-a^2\sin^2 t}\cdot a\cos tdt=a^2\int \cos^2 tdt=\int \frac{1}{2}a^2(1+\cos 2t)dt$$

$$=\frac{1}{2}a^2\left(t+\frac{1}{2}\sin 2t\right)+C=\frac{1}{2}a^2(t+\sin t\cos t)+C$$

$$=\frac{1}{2}a^2\left(\arcsin\frac{x}{a}+\frac{x}{a}\cdot\frac{\sqrt{a^2-x^2}}{a}\right)+C \quad (\text{如图 4.1})$$

$$=\frac{1}{2}a^2\arcsin\frac{x}{a}+\frac{x}{2}\sqrt{a^2-x^2}+C$$

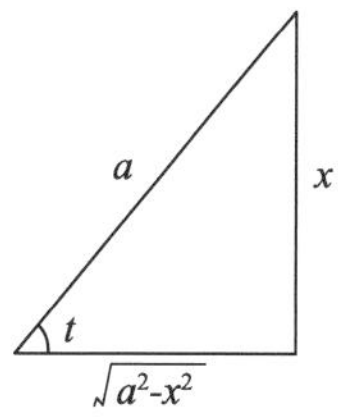

图 4.1

即：$\int \sqrt{a^2 - x^2}dx = \frac{1}{2}a^2\arcsin\frac{x}{a} + \frac{x}{2}\sqrt{a^2 - x^2} + C$，$(a>0)$

4.2.3 分部积分法

除了直接积分法和换元法外，我们可以使用另一种求解不定积分的有效方法——分部积分法。

定理 4.4 设 $u=u(x)$、$v=v(x)$ 均在某区间 I 上可微，则有分部积分公式：

$$\int uv'dx = uv - \int u'vdx \text{ 或 } \int udv = uv - \int vdu$$

证明：根据函数乘积的求导法则，有 $(uv)' = u'v + uv'$，移项可得：

$$uv' = (uv)' - u'v$$

两边积分得 $\int uv'dx = \int (uv)'dx - \int u'vdx$，即 $\int uv'dx = uv - \int u'vdx$，常简写成如下形式：

$\int udv = uv - \int vdu$

利用分部积分公式计算不定积分的方法称为分部积分法。分部积分法一般用于两个函数乘积的不定积分，它将不容易积分的 $\int uv'dx$ 化为相对容易积分的 $\int u'vdx$。

例 4.20 求不定积分 $\int x\sin xdx$。

解：令 $u = x, dv = \sin xdx$，则有 $du = dx, v = -\cos x$

于是应用分部积分公式，得：

$$\int x\sin xdx = -\int xd\cos x = -x\cos x + \int \cos xdx = -x\cos x + \sin x + C$$

在计算熟练后，分部积分法的替换过程可以省略。在此题中通过分部积分公式，将较复杂函数 $x\sin x$ 的不定积分转化为较简单函数 $\cos x$ 的不定积分，这就是分部积分的精髓。

例 4.21 求不定积分 $\int \ln xdx$。

解：令 $u = \ln x, dv = dx$，则有 $du = \frac{1}{x}dx, v = x$

于是应用分部积分公式，得：

$$\int \ln xdx = x\ln x - \int x \cdot \frac{1}{x}dx = x\ln x - x + C$$

例 4.22 求不定积分 $\int xe^x dx$。

解：$\int xe^x dx = \int xde^x = xe^x - \int e^x dx = xe^x - e^x + C$

例 4.23 求不定积分 $\int x\arctan xdx$。

解：
$$\int x\arctan xdx = \int \arctan xd\left(\frac{1}{2}x^2\right) = \frac{1}{2}x^2\arctan x - \frac{1}{2}\int x^2 d\arctan x$$
$$= \frac{1}{2}x^2\arctan x - \frac{1}{2}\int \frac{x^2}{1+x^2}dx$$

$$= \frac{1}{2}x^2\arctan x - \frac{1}{2}\int\left(1 - \frac{1}{1+x^2}\right)dx$$

$$= \frac{1}{2}x^2\arctan x - \frac{1}{2} + \frac{1}{2}\arctan x + C$$

应用分部积分法求解不定积分时，最关键是适当地选择 u 和 dv。选择 u 和 dv 没有规律可循，但一般来说，求解导数容易的函数作为 u，求解原函数容易的函数则变为 dv。读者在应用分部积分法时，要注意总结。

§4.3 定积分概念及性质

4.3.1 定积分的引入

定积分作为积分学的又一个重要的分支，不是从不定积分引入的，而是从实际问题引出的——求解平面图形的面积。在初等数学中，我们会计算一些规则的平面图形的面积，如正多边形、圆形、三角形等，对于复杂的图形，我们束手无策。事实上，我们可借助曲边梯形计算它们。

如图 4.2 所示，由一条连续曲线 $y=f(x)$、直线 $x=a$、$x=b(a<b)$以及 x 轴所围成的平面区域被称为曲边梯形。

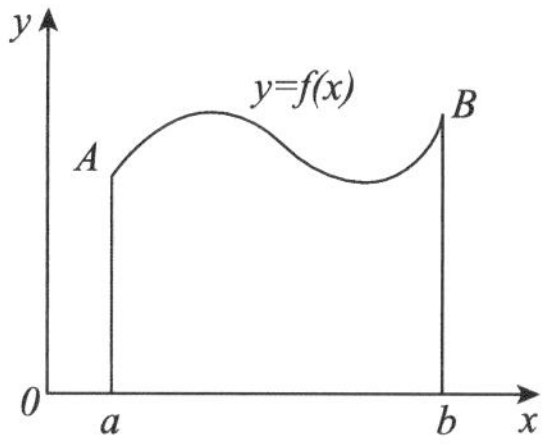

图 4.2

为了说明曲边梯形面积的计算，我们不妨考虑曲线 $y=f(x)=x^2$、x 轴和直线 $x=1$ 所围成的曲边梯形的面积，如图 4.3。曲边梯形的高是不断变化的，所以不能用“底 × 高”计算曲边梯形的面积。我们将利用在小范围内“以直代曲”的近似方法，通过极限过程来求解。

第一步，分割：如图 4.3 所示，将区间$[0,1]$ n 等分，同时也将曲边梯形分成了 n 个小的曲边梯形，其底边长为$\frac{1}{n}$。

第二步，取近似：对第 i 个小曲边梯形，以第 i 个小区间的左端点的函数值为高，将其近似看作一个高为$f\left(\frac{i-1}{n}\right)$的矩形，如图 4.3 所示，从而其面积的近似值为：

$$\Delta S_i = \frac{1}{n}\cdot f\left(\frac{i-1}{n}\right)$$

第三步，求和：将所有小曲边梯形面积的近似值相加，得到曲边梯形 OAB 面积 S 的近似值为：

$$S \approx S_n = \sum_{i=1}^{n} \Delta S_i = \sum_{i=1}^{n} \frac{1}{n} \cdot f\left(\frac{i-1}{n}\right)$$

第四步，取极限：当分点数 n 无限增大，即当 $n \to \infty$时，若极限 $\lim\limits_{n\to\infty} S_n$ 存在，则将该极限值定义为曲边梯形 $aABb$ 的面积，即有

$$S = \lim_{n\to\infty}\sum_{i=1}^{n} \frac{1}{n} \cdot f\left(\frac{i-1}{n}\right) = \lim_{n\to\infty}\sum_{i=1}^{n} \frac{1}{n} \cdot \left(\frac{i-1}{n}\right)^2 = \lim_{n\to\infty}\frac{(n-1)n(2n-1)}{6n^3} = \frac{1}{3}$$

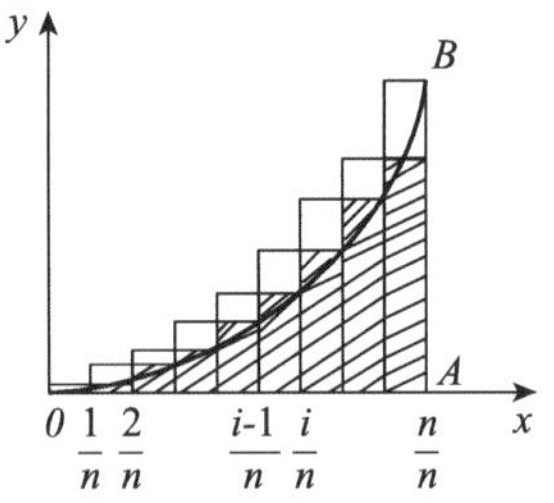

图 4.3

求解曲边梯形的面积，也就是计算上述特定结构和式的极限。此外还有许多实际问题，例如求变速直线运动的距离、总产量和总成本等，虽然实际意义不同，但都与求曲边梯形的面积有相同的解题思路和计算步骤，并且最后都归结为求同一和式的极限。因此对于这些类似的问题，我们有必要抛开其具体的实际意义，仅考虑其数学含义，而在抽象的形式下进行研究，这就引出了定积分的概念。

4.3.2 定积分的定义

定义 4.3 若$f(x)$是定义在区间$[a,b]$上的有界函数，用分点 $a = x_0 < x_1 < \cdots < x_{n-1} < x_n = b$ 将区间$[a,b]$进行**任意**分割，产生 n 个小区间，其中 $\Delta x_i = x_i - x_{i-1}(i = 1,2,\cdots,n)$为第 i 个小区间$[x_{i-1},x_i]$的长度，在每个小区间$[x_{i-1},x_i]$上任意选取点 ξ_i。若当 $\Delta x = \max\{\Delta x_1, \Delta x_2,\cdots,\Delta x_n\} \to 0$ 时，乘积和 $\sum\limits_{i=1}^{n} f(\xi_i)\Delta x_i$ 极限存在，则称函数$f(x)$在区间$[a,b]$上**可积**，此极限值为函数$f(x)$在区间$[a,b]$上的**定积分**，记作 $\int_a^b f(x)\,dx$ 。其中$f(x)$称为**被积函数**，$[a,b]$称为**积分区间**，a 称为**积分下限**，b 称为**积分上限**，x 称为**积分变量**。

我们对定积分的定义作以下几点说明：

①定积分的记法与不定积分的记法虽然极为相似，但它们的定义是从不同角度引出的，无共同之处。前者作为特殊和式的极限，后者作为微分运算的逆运算。

②在求曲边梯形的面积时，对区间的 n 等分实际上是区间的一种特殊分割，但为了具有一般性，在函数的定积分的定义中，要求对区间作任意的分割。

③定积分 $\int_a^b f(x)\,dx = \lim\limits_{\Delta x\to 0}\sum\limits_{i=1}^{n} f(\xi_i)\Delta x_i$ ，应与区间$[a,b]$的分法及 ξ 的选取是无关的，积分值仅与区间$[a,b]$和被积函数$f(x)$有关，与积分变量用什么字母表示无关，即有 $\int_a^b f(x)\,dx$

$= \int_a^b f(t)\,dt$ 。

④在定积分的定义中，假定 $a < b$ ，如果 $b < a$ ，规定 $\int_b^a f(x)\,dx = -\int_a^b f(x)\,dx$ 。即定积分的上限和下限互换时，定积分变号。特别地，当 $a = b$ 时，有 $\int_a^b f(x)\,dx = 0$ 。

⑤定积分的几何意义：在 $[a,b]$ 上若 $f(x) > 0$，定积分 $\int_a^b f(x)\,dx$ 表示的是以直线 $x = a$、$x = b$ 、x 轴及曲线 $y = f(x)$ 所围成曲边梯形的面积 S。

4.3.3 定积分的性质

在下面的讨论中，我们总假设函数在所讨论的区间上都是可积的，而且下面介绍的这些性质都可以通过定积分定义给出严格的证明。

性质1 非零的常数因子可以移到积分号之前，即：$\int_a^b kf(x)\,dx = k\int_a^b f(x)\,dx$

证明：$\int_a^b kf(x)\,dx = \lim\limits_{\Delta x\to 0}\sum\limits_{i=1}^{n} kf(\xi_i)\Delta x_i = k\lim\limits_{\Delta x\to 0}\sum\limits_{i=1}^{n} f(\xi_i)\Delta x_i = k\int_a^b f(x)\,dx$

特别地，若 $f(x) = 1$ ，$\int_a^b k\,dx = k(b-a)$

性质2 两个函数和（或差）的定积分，等于函数定积分的和（或差），即

$$\int_a^b f(x) \pm g(x)\,dx = \int_a^b f(x)\,dx \pm \int_a^b g(x)\,dx$$

此性质可以推广到有限个函数的情况，即

$$\int_a^b f_1(x) + f_2(x) + \cdots + f_n(x)\,dx = \int_a^b f_1(x)\,dx + \int_a^b f_2(x)\,dx + \cdots + \int_a^b f_n(x)\,dx$$

性质3（积分区间可加性） 若 $a < c < b$ ，$\int_a^b f(x)\,dx = \int_a^c f(x)\,dx + \int_c^b f(x)\,dx$

事实上如图 4.4 所示。

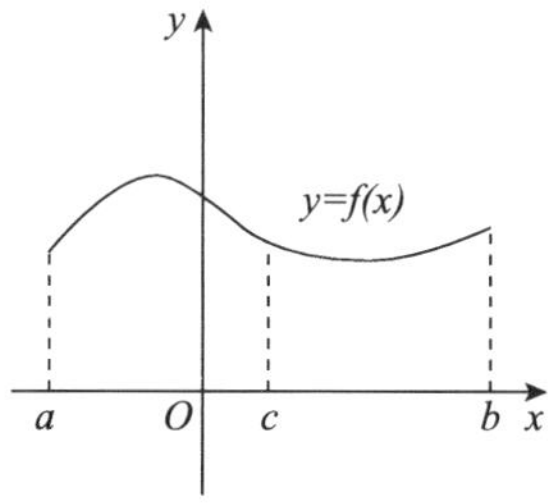

图 4.4

由定积分的几何意义易知等式成立；若 $c < a < b$ ，则应有

$$\int_c^b f(x)\,dx = \int_c^a f(x)\,dx + \int_a^b f(x)\,dx$$

从而

$$\int_a^b f(x)\,dx = \int_c^b f(x)\,dx - \int_c^a f(x)\,dx = \int_a^c f(x)\,dx + \int_c^b f(x)\,dx$$

同理 $a<b<c$，可以类似地得出同一等式。

性质 4 若函数 $f(x)$、$g(x)$ 在区间 $[a,b]$ 上总满足 $f(x)\leqslant g(x)$，则

$$\int_a^b f(x)dx \leqslant \int_a^b g(x)dx$$

事实上若 $a<b$，函数 $f(x)$ 在区间 $[a,b]$ 上总满足 $f(x)\geqslant 0$ 且不恒为零，则

$$\int_a^b f(x)dx > 0$$

同理，若在区间 $[a,b]$ 上 $f(x)\leqslant g(x)$，且 $f(x)$ 不恒等于 $g(x)$，则

$$\int_a^b f(x)dx < \int_a^b g(x)dx$$

性质 5（估值定理） 若函数 $f(x)$ 在区间 $[a,b]$ 上有最大值 M 和最小值 m，则有

$$m(b-a) \leqslant \int_a^b f(x)dx \leqslant M(b-a)$$

因为 $m\leqslant f(x)\leqslant M$，由性质 4 得到：$m(b-a)\leqslant \int_a^b f(x)dx \leqslant M(b-a)$

性质 6（积分中值定理） 若函数 $f(x)$ 在区间 $[a,b]$ 上连续，则在积分区间上至少存在一点 ξ，使得

$$\int_a^b f(x)dx = f(\xi)(b-a)$$

积分中值定理的几何意义是：以曲线 $y=f(x)\geqslant 0$ 为曲边的曲边梯形 $AabB$ 的面积等于同一底边而高为 $f(\xi)$ 的矩形 $A'aB'b$ 的面积（如图 4.5 所示）。

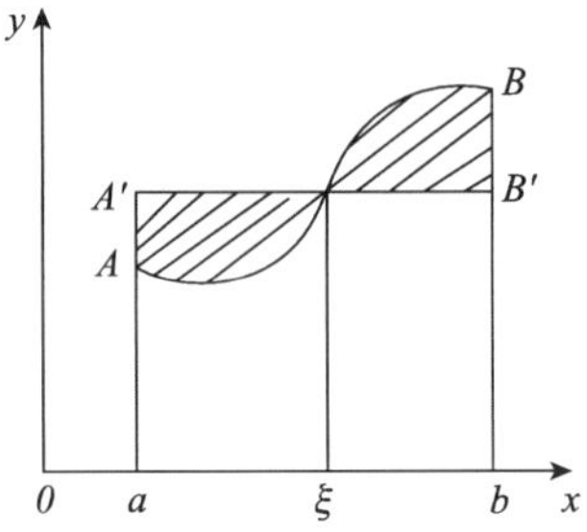

图 4.5

例 4.24 比较定积分 $\int_0^1 xdx$ 与 $\int_0^1 x^2dx$ 的大小。

解：在区间 $[0,1]$ 上，有 $0\leqslant x^2\leqslant x\leqslant 1$，且 x^2 在区间 $[0,1]$ 上不恒等于 x，故由性质 4 得：$\int_0^1 xdx > \int_0^1 x^2dx$

§4.4 定积分的计算

4.4.1 定积分与不定积分的关系

本节将通过对定积分与不定积分之间关系的研究，找到解决定积分计算的方法。

定义 4.4 若函数$f(x)$在区间$[a,b]$上连续，$x\in[a,b]$，于是$f(x)$在区间$[a,x]$上连续。显然具有变动积分限的定积分值$\int_a^x f(x)dx$与其上限x相对应，这样在区间$[a,b]$上定义了一个关于上限变量x的函数$\Phi(x)$，其函数关系为

$$\Phi(x)=\int_a^x f(x)dx, x\in[a,b]$$

$\Phi(x)$被称为**积分上限函数**（或**变上限积分**）。

当$f(x)>0$时，$\Phi(x)$的几何意义是表示区间$[a,x]$上方曲边梯形的面积。由于$\Phi(x)=\int_a^x f(x)dx$中，字母x一方面表示积分变量，另一方面代表积分上限，为了避免混淆，我们一般把积分变量用另外的字母（如t）表示，于是积分上限函数可写成：

$$\Phi(x)=\int_a^x f(t)dt, x\in[a,b]$$

定理 4.5（原函数存在定理） 若函数$f(x)$在区间$[a,b]$上连续，则积分上限函数$\Phi(x)=\int_a^x f(t)dt$在区间$[a,b]$上连续可导，且

$$\Phi'(x)=\left(\int_a^x f(t)dt\right)'=f(x), x\in[a,b]$$

此定理说明，区间$[a,b]$上的连续函数$f(x)$一定存在原函数，积分上限函数$\int_a^x f(t)dt$就是$f(x)$的一个原函数。这解决了第一节中提出的问题，同时它也初步揭示了函数的定积分与其原函数之间的关系。

积分上限函数虽然是一种新的函数表示形式，但要计算该函数在某点处的函数值常常是比较困难的，因此，积分上限函数只是在理论上描述了连续函数的原函数。对原函数的一些讨论都可在积分上限函数中进行，下面将举例说明。

例 4.25 已知$f(x)=\int_0^x e^{2t}dt$，求$f'(x)$。

解： 由于被积函数为e^{2t}，故$f'(x)=e^{2x}$

例 4.26 已知$f(x)=\int_x^{10}\sqrt{1+t^4}dt$，求$f'(x)$。

解： 由于$f(x)=\int_x^{10}\sqrt{1+t^4}dt=-\int_{10}^x\sqrt{1+t^4}dt$，故

$$f'(x)=\left(-\int_{10}^x\sqrt{1+t^4}dt\right)'=-\sqrt{1+x^4}$$

例 4.27 已知$f(x)=\int_0^{x^2}\sin t dt$，求$f'(x)$。

解： 令$u(x)=x^2$，则函数$f(x)$可被视为关于u的函数$\int_0^u \sin t dt$与$u(x)=x^2$的复合函数，从而：$f'(x)=\left(\int_0^u \sin t dt\right)'\cdot(x^2)'=\sin u\cdot 2x=2x\sin x^2$

定理 4.6（微积分学基本定理） 若$F(x)$是连续函数$f(x)$在区间$[a,b]$上的一个原函数，则

$$\int_a^b f(x)dx=F(x)\Big|_a^b=F(b)-F(a)$$

上述公式称为**牛顿—莱布尼茨（Newton - Leibniz）**公式。

证明：函数 $f(x)$ 在区间 $[a,b]$ 上连续，由定理 4.5 可知，$\Phi(x) = \int_a^x f(x)dx$ 是 $f(x)$ 上的一个原函数，故 $\Phi(x)$ 与 $F(x)$ 相差一个常数 C，即

$$\int_a^x f(t)dt = F(x) + C$$

当 $x = a$ 时，

$$\int_a^a f(t)dt = 0 \text{，即 } C = -F(a)$$

当 $x = b$ 时，

$$\int_a^b f(t)dt = F(b) + C$$

所以 $\int_a^b f(t)dt = F(b) - F(a)$

此公式揭示了定积分与不定积分的内在联系，将两者有机的结合起来，使定积分的计算得以简化，从而使积分学得到广泛的应用。由此公式知计算定积分的方法是：先用求不定积分的方法求出被积函数 $f(x)$ 的原函数 $F(x)$，然后计算该原函数在上限和下限的函数值之差 $F(b) - F(a)$。由此可见，计算定积分关键是利用不定积分求出被积函数的原函数。

例 4.28 求 $\int_0^1 x^2 dx$。

解：由于 $\frac{1}{3}x^3$ 是 x^2 的一个原函数，根据牛顿—莱布尼茨公式有：

$$\int_0^1 x^2 dx = \frac{1}{3}x^3 \Big|_0^1 = \frac{1}{3}(1-0) = \frac{1}{3}$$

例 4.29 求 $\int_1^2 e^x dx$。

解：由于 e^x 的原函数就是 e^x 本身，根据牛顿—莱布尼茨公式有：

$$\int_1^2 e^x dx = e^x \Big|_1^2 = e^2 - e^1$$

4.4.2 换元积分法

定理 4.7（定积分的换元积分法） 若函数 $f(x)$ 在区间 $[a,b]$ 上连续，函数 $x = \varphi(t)$ 满足条件：

①$\varphi(t)$ 在区间 $[\alpha,\beta]$ 上有连续导数 $\varphi'(t)$；

②当 t 从 α 变到 β 时，$x = \varphi(t)$ 单调地从 $\varphi(\alpha) = a$ 变到 $\varphi(\beta) = b$，则有换元积分公式

$$\int_a^b f(x)dx = \int_\alpha^\beta f(\varphi(t))\varphi'(t)dt$$

证明：函数 $f(x)$ 与 $f(\varphi(t)) \cdot \varphi'(t)$ 在各自对应区间上连续，故它们都存在原函数。设 $F(x)$ 是 $f(x)$ 在区间 $[a,b]$ 上的一个原函数，根据牛顿—莱布尼茨公式有：

$$\begin{aligned}\int_a^b f(x)dx &= F(b) - F(a) \\ &= F(\varphi(\beta)) - F(\varphi(\alpha))\end{aligned}$$

$$= \int_{\alpha}^{\beta} f(\varphi(t)) \cdot \varphi'(t)dt$$

因此 $\int_a^b f(x)dx = \int_{\alpha}^{\beta} f(\varphi(t))\varphi'(t)dt$

计算定积分时，可以用不定积分的换元法先求出原函数，然后利用牛顿—莱布尼茨公式求出定积分的值。但是在用不定积分换元法求出原函数时，最后还要代回原来的变量，这一步有时很复杂。在利用定积分的换元法计算时，作变量替换时，可以相应地对积分上限和下限作替换，这样可以省去回代的过程，就简单多了。

例 4.30 求 $\int_0^4 \frac{1}{1+\sqrt{x}}dx$ 。

解：令$\sqrt{x}=t$，则 $dx=dt^2=2tdt$，当 x 从 0 变到 4 时，t 从 0 变到 2，于是

$$\int_0^4 \frac{1}{1+\sqrt{x}}dx = \int_0^2 \frac{2t}{1+t}dt = 2\int_0^2\left(1-\frac{1}{1+t}\right)dt$$

$$= 2(t-\ln|1+t|)\Big|_0^2 = 4-2\ln 3$$

例 4.31 求 $\int_0^a \sqrt{a^2-x^2}dx$ 。

解：令 $x=a\sin t(0\leqslant x\leqslant a)$，则 $dx=a\cos tdt$，当 t 从 0 变到$\frac{\pi}{2}$时，x 从 0 变到 a，于是

$$\int_0^a \sqrt{a^2-x^2}dx = \int_0^{\frac{\pi}{2}} a\cos t a\cos t dt = a^2\int_0^{\frac{\pi}{2}} \frac{1+\cos 2t}{2}dt$$

$$= \frac{a^2}{2}\left(t+\frac{\sin 2t}{2}\right)\Bigg|_0^{\frac{\pi}{2}} = \frac{\pi}{4}a^2$$

当然此题还有一个更简便的计算方法，被积函数 $y=\sqrt{a^2-x^2}$在$[0,a]$表示圆 $x^2+y^2=a^2$ 在第一象限部分，而定积分 $\int_0^a \sqrt{a^2-x^2}dx$ 正好表示这部分面积，所以：$\int_0^a \sqrt{a^2-x^2}dx = \frac{\pi a^2}{4}$

例 4.32 证明：若函数$f(x)$ 在区间 $[-a,a]$ 上连续，则

①若 $f(x)$ 为偶函数，$\int_{-a}^a f(x)dx = 2\int_0^a f(x)dx$

②若 $f(x)$ 为奇函数，$\int_{-a}^a f(x)dx = 0$

证明：$\int_0^a [f(x)+f(-x)]dx = \int_0^a f(x)dx + \int_0^a f(-x)dx$

$$= \int_0^a f(x)dx + \int_{-a}^0 f(-x)d(-x)$$

$$= \int_0^a f(x)dx + \int_{-a}^0 f(x)d(x)$$

$$= \int_{-a}^a f(x)dx$$

①若 $f(x)$为偶函数，则有 $f(-x)=f(x)$，则

$$\int_{-a}^a f(x)dx = \int_0^a [f(x)+f(-x)]dx = 2\int_0^a f(x)dx$$

②若 $f(x)$ 为奇函数，则有 $f(-x)=-f(x)$，则

$$\int_{-a}^{a}f(x)dx=\int_{0}^{a}[f(x)+f(-x)]dx=0$$

此例题的结论可以直接应用，即在对称区间上计算定积分时，可利用被积函数的奇偶性简化计算。

4.4.3 分部积分法

除了将不定积分的换元法应用到定积分的计算中，我们还可以考虑不定积分的分部积分法，于是定积分也了有如下的分部积分法：

定理 4.8（定积分的分部积分法） 若函数 $u(x)$、$v(x)$ 在区间 $[a,b]$ 上可导，且 $u'(x)$、$v'(x)$ 在区间 $[a,b]$ 上连续，则有

$$\int_{a}^{b}u(x)v'(x)dx=u(x)v(x)\Big|_{a}^{b}-\int_{a}^{b}u'(x)v(x)dx$$

定积分的分部积分法可以类似于不定积分使用分部积分方法进行计算，只是其中已积出的部分要用上、下限代入，未积出的部分仍然是一个定积分，其上、下限不变。

例 4.33 求 $\int_{0}^{1}xe^{x}dx$。

解： 令 $u=x$，$dv=e^{x}dx=de^{x}$，则 $du=dx$，$v=e^{x}$，于是

$$\int_{0}^{1}xe^{x}dx=xe^{x}\Big|_{0}^{1}-\int_{0}^{1}e^{x}dx=xe^{x}\Big|_{0}^{1}-e^{x}\Big|_{0}^{1}=1$$

§4.5 定积分的应用

前面我们由曲边梯形的面积计算问题引出定积分的概念，介绍了定积分的性质与计算方法，现在在此基础上进一步地介绍定积分在几何上和经济方面的应用。

4.5.1 平面图形的面积

根据定积分的几何意义，我们可以求出下面各类平面图形的面积：

（1）由连续曲线 $y=f(x)$、直线 $x=a$、$x=b$ 及 x 轴所围成的曲边梯形的面积

①若在 $[a,b]$ 上，$f(x)\geqslant 0$，则其面积：$S=\int_{a}^{b}f(x)dx$；

②若在 $[a,b]$ 上，$f(x)\leqslant 0$，则其面积为 $S=-\int_{a}^{b}f(x)dx$，如图 4.6 所示。

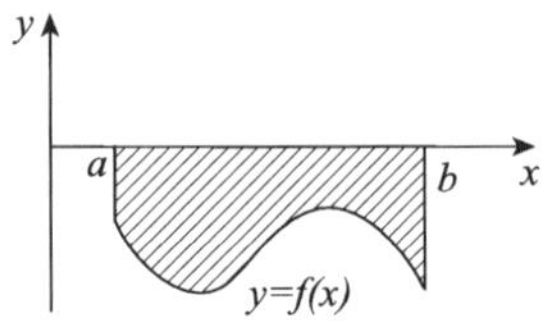

图 4.6

③若 $f(x)$ 在 $[a,b]$ 上有正有负，则其面积等于在 x 轴上方部分面积与下方部分面积的代数和，在 x 轴上方取正号，下方取负号，如图 4.7 所示。

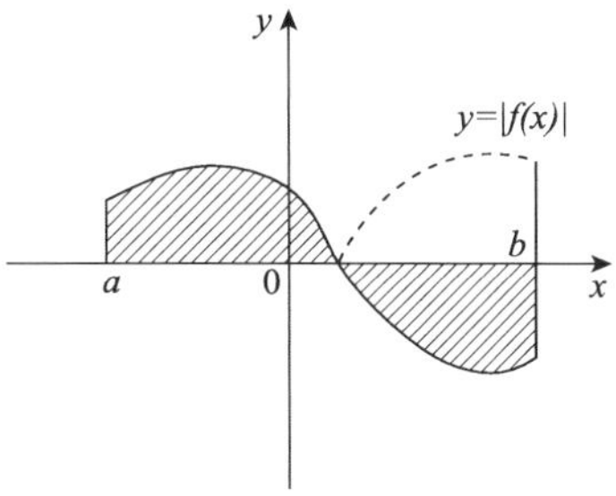

图 4.7

（2）由连续曲线 $y=f(x)$、$y=g(x)$ 及直线 $x=a$、$x=b$ 所围成的曲边梯形的面积

设曲线 $f(x)$ 位于曲线 $g(x)$ 的上方，如图 4.8 所示，则其面积为：

$$S=\int_a^b f(x)dx-\int_a^b g(x)dx \text{ 或 } S=\int_a^b [f(x)-g(x)]dx$$

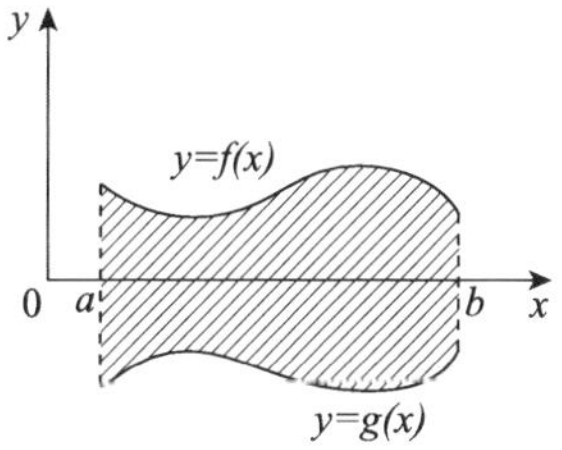

图 4.8

例 4.34 计算椭圆 $\frac{x^2}{a^2}+\frac{y^2}{b^2}=1$ 的面积。

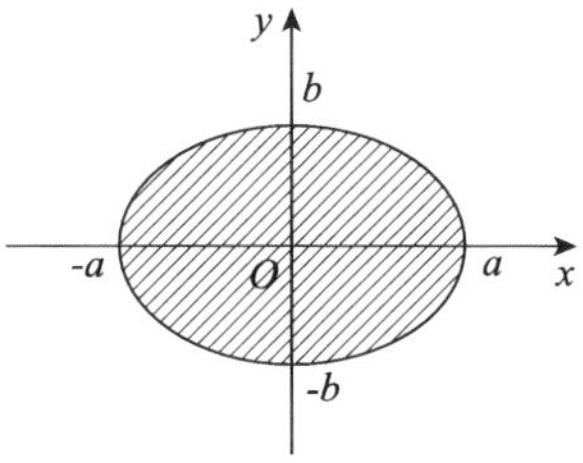

图 4.9

解： 如图 4.9 椭圆图形关于两个坐标轴对称，因此第一象限图形面积的 4 倍即为整个椭圆的面积。由 $\frac{x^2}{a^2}+\frac{y^2}{b^2}=1$，得第一象限内椭圆方程为 $y=b\sqrt{1-\frac{x^2}{a^2}}$，于是

$$S=4\int_0^a b\sqrt{1-\frac{x^2}{a^2}}dx=4\frac{b}{a}\int_0^a \sqrt{a^2-x^2}dx$$

利用例 4.31 的结果 $\int_0^a \sqrt{a^2-x^2}dx=\frac{\pi}{4}a^2$，可得：$S=4\frac{b}{a}\cdot\frac{\pi}{4}a^2=\pi ab$

例 4.35 计算曲线 $y = x^3$ 与直线 $y = 2x$ 所围成的图形在第一象限的面积。

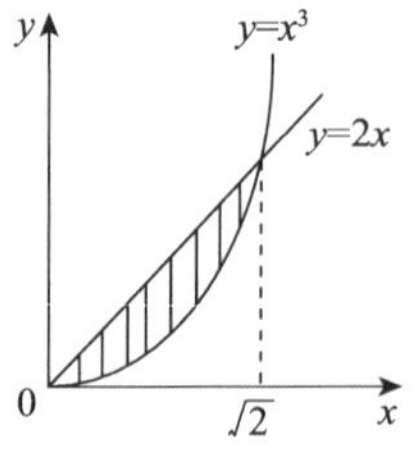

图 4.10

解： 易求得抛物线 $y = x^3$ 与直线 $y = 2x$ 的两个交点的横坐标分别为 $x_1 = 0$ 和 $x_2 = \sqrt{2}$。如图 4.10 所示，它们所围成的平面图形介于直线 $x = 0$ 与 $x = \sqrt{2}$之间，从而所求的面积为：

$$\int_0^{\sqrt{2}} (2x - x^3)dx = \left(x^2 - \frac{1}{4}x^4\right)\Big|_0^{\sqrt{2}} = 1$$

4.5.2 经济应用举例

例 4.36 设某产品总产量的变化率是时间 t 的函数

$$f(t) = 80 + 10t - 0.9t^2 \text{（单位 / 小时）}$$

求从 $t = 1$ 到 $t = 4$ 这 3 个小时的总产量。

解： 因为总产量 $F(t)$是其变化率$f(t)$的原函数，所以从 $t = 1$ 到 $t = 4$ 这三个小时的总产量为

$$\int_1^4 f(t)dt = \int_1^4 (80 + 10t - 0.9t^2)dt = 80t + 5t^2 - 0.3t^2 \Big|_1^4 = 296.1 \text{（单位）}$$

例 4.37 每天生产某产品的固定成本 $C_0 = 100$ 元，生产 Q 单位产品的边际成本[①] $C'(Q) = 0.6Q + 20$（元/单位），边际收益[②] $r(Q) = 38$（元/单位）。

①每天生产多少单位产品时利润最大？

②比利润最大时的生产量多生产了 10 个单位，总利润反而减少了多少？

解： 日产量为 Q 单位时，总成本函数为

$$C(Q) = \int_0^Q (0.6Q + 20)dQ + C_0 = 0.3Q^2 + 20Q + 100$$

收益函数 $R(Q) = \int_0^Q 38dQ = 38Q$

①总利润函数 $L(Q)$为

$$L(Q) = R(Q) - C(Q) = 18Q - 0.3Q^2 - 100(Q \geqslant 0)$$

令 $L'(Q) = 18 - 0.6Q = 0$，得驻点 $Q = 30$

又因为 $L''(Q) = -0.6Q < 0$，故 $L(30) = 170$ 为极大值，由于驻点惟一，该极大值也为最大值。

②$L(30) = 170$，$L(40) = 140$，从最大利润的生产量 $Q = 30$ 单位，再生产 10 个单位产品时，利润反而减少 30 元。

---

① 成本函数的导数在经济学中称为**边际成本**。

② 收益函数的导数在经济学中称为**边际收益**。

习 题 四

1. 已知在曲线上任意一点的切线斜率为 $2x$，并且该曲线经过点(1，-2)，求此曲线方程。

2. 试证函数 $f(x)=\ln(kx)$（常数 $k>0$）和 $g(x)=\ln x$ 是同一函数的原函数。

3. 求下列不定积分：

(1) $\int(e^x-3\sin x-\frac{2}{x})dx$ (2) $\int(a-bx)^2dx$

(3) $\int\frac{x^4}{1+x^2}dx$ (4) $\int 2\cos^2\frac{x}{2}dx$

(5) $\int\frac{\cos 2x}{\cos x+\sin x}dx$ (6) $\int\frac{e^{2x}-1}{e^x-1}dx$

4. 用第一换元法求不定积分：

(1) $\int\frac{1}{2x-3}dx$ (2) $\int(2-x)^{\frac{5}{2}}dx$

(3) $\int x^3\sqrt{x^4-5}dx$ (4) $\int\frac{1}{1+4x^2}dx$

(5) $\int\sin 5x dx$ (6) $\int\sin^3 x dx$

(7) $\int\frac{x}{1+x^2}dx$ (8) $\int\frac{e^{\frac{1}{x}}}{x^2}dx$

(9) $\int\frac{x+1}{x^2+1}dx$ (10) $\int\frac{1+\cos x}{x+\sin x}dx$

5. 用第二换元法求不定积分：

(1) $\int\frac{1}{x^2\sqrt{1+x^2}}dx$ (2) $\int\frac{1}{x\sqrt{2x-9}}dx$

(3) $\int\frac{1}{\sqrt{x}+\sqrt[3]{x}}dx$ (4) $\int\sqrt{4-x^2}dx$

(5) $\int\frac{1}{(1+x^2)^2}dx$ (6) $\int\frac{dx}{\sqrt{(1+x^2)^3}}$

6. 用分部积分法求不定积分：

(1) $\int x\sec^2 x dx$ (2) $\int x\cos x dx$

(3) $\int x^2\ln x dx$ (4) $\int\arccos x dx$

(5) $\int\arctan x dx$ (6) $\int e^x\sin x dx$

(7) $\int\sec^3 x dx$ (8) $\int\ln(1+x^2)dx$

(9) $\int e^{\sqrt{x}}dx$　　(10) $\int e^{x}\sin x dx$

7. 不计算定积分，比较下列各组积分值的大小：

(1) $\int_0^1 e^x dx$ 与 $\int_0^1 e^{x^2}dx$　　(2) $\int_0^{\frac{\pi}{2}} x dx$ 与 $\int_0^{\frac{\pi}{2}} \sin x dx$

8. 计算下列函数的导数：

(1) $\int_0^x \sqrt{1+t}dt$　　(2) $\int_x^{-1} te^{-t}dt$

(3) $\int_0^{\sin x}(3t^2+1)dt$　　(4) $\int_x^{x^2}\sin t dt$

9. 计算下列定积分：

(1) $\int_2^6 (x^2-1)dx$　　(2) $\int_0^1 \frac{1}{1+x^2}dx$

(3) $\int_1^2 (e^x+\cos x)dx$　　(4) $\int_{-2}^3 |x-2|dx$

(5) $\int_0^1 \frac{x}{x^2+1}dx$　　(6) $\int_0^{\frac{\pi}{2}} \sin x\cos^3 x dx$

(7) $\int_0^{\frac{\pi}{4}} \frac{1}{\sqrt{x}+1}dx$　　(8) $\int_0^3 e^{\frac{x}{3}}dx$

(9) $\int_1^e \frac{1+\ln x}{x}dx$　　(10) $\int_0^1 (\mathrm{e}^x-1)^4 e^x dx$

(11) $\int_0^1 xe^{-x}dx$　　(12) $\int_0^{\frac{\sqrt{3}}{2}} \arccos x dx$

10. 求函数 $f(x)=\int_0^x t(t-4)dt$ 在 $[-1,5]$ 上的最大值与最小值。

11. 设 $\int_0^x f(t)dt=\frac{1}{2}f(x)-\frac{1}{2}$，且 $f(0)=1$，求 $f(x)$。

12. 求 c 的值，使 $\int_0^1 (x^2+cx+c)^2dx$ 最小。

13. 求下列各题中平面图形的面积：

(1) 由两条抛物线 $y=x^2$、$y=2-x^2$ 所围成的图形；

(2) 由曲线 $y=a-x^2(a>0)$ 与 x 轴所围成的图形；

(3) 由曲线 $y=\frac{1}{2}x^2$ 与直线 $y=x+4$ 所围成的图形；

(4) 由曲线 $y=e^x$ 与 $y=e^{-x}$，直线 $x=1$、$x=3$ 所围成的图形。

14. 已知某产品总量的变化率是时间 t（单位：年）的函数 $f(t)=2t+5(t\geqslant 0)$，求第一个 5 年和第二个 5 年的总产量各为多少？

15. 某产品的总成本 C（万元）的变化率（边际成本）$C'(x)=1$，总收益 R（万元）的变化率（边际收益）为生产量 x（百台）的函数 $R'=R'(x)=5-x$。

(1) 求生产量等于多少时，总利润 $L=R-C$ 为最大？

(2) 从利润最大的生产量又生产了 100 台，总利润减少了多少？

附： 微积分发展史

今天微积分已成为基本的数学工具而被广泛地应用于自然科学的各个领域。恩格斯说过：“在一切理论成就中，从未像17世纪下半叶微积分的创立那样被看作人类精神的最高胜利了，如果在某个地方我们看到人类精神的纯粹和惟一的功绩，那就正是在这里。”

微积分作为一门学科创立于17世纪，但是微积分的思想早在公元前就已经产生了。我国的庄周所著的《庄子》一书的“天下篇”中，记有“一尺之棰，日取其半，万世不竭”。三国时期刘徽在他的割圆术中提到“割之弥细，所失弥小，割之又割，以至于不可割，则与圆周和体而无所失矣”。这些都是朴素的、也是很典型的极限概念。公元前3世纪，古希腊的阿基米德在研究解决抛物弓形的面积、球和球冠面积、螺线下面积和旋转双曲体的体积等问题中，就隐含着近代积分学的思想。

到了17世纪，以下四类问题促使了微积分的产生：第一类是运动中的即时速度求解问题；第二类是求曲线切线的问题；第三类是求函数的最值问题；第四类是求曲线长度、曲线围成的图形面积、体积问题。

17世纪许多著名的数学家、天文学家、物理学家都为解决上述问题做了大量的研究工作，如法国的费尔玛、笛卡尔、罗伯瓦、笛沙格；英国的巴罗、瓦里士；德国的开普勒；意大利的卡瓦列利等人都提出许多很有建树的理论，为微积分的创立作出了贡献。17世纪下半叶在前人工作的基础上，英国科学家牛顿和德国数学家莱布尼茨分别在自己的国度里独自研究和完成了微积分的创立工作。他们的最大功绩是把两个貌似毫不相关的问题联系在一起，切线问题（微分学的中心问题）和求积问题（积分学的中心问题）。

牛顿1642年生于英格兰，1661年入英国剑桥大学受教于巴罗，同时钻研伽利略、开普勒、笛卡儿和沃利斯等人的著作。笛卡儿的《几何学》和沃利斯的《无穷算术》对他影响最深，正是这两部著作引导牛顿走上了创立微积分之路。1665年伦敦流行鼠疫，牛顿回到乡间，终日思考各种问题，运用他的智慧和数年来获得的知识，创立了流数术（微积分）、万有引力和光的分析。1667年牛顿完成了他的第一篇微积分论文：《运用无穷多次方程的分析学》，正式发表于1711年；从1667年到1693年大约四分之一世纪的时间里，牛顿始终不渝努力改进、完善自己的微积分学说，先后写成了三篇微积分论文，分别是：《运用无限多项方程的分析》，简称《分析学》，完成于1669年；《流数法与无穷级数》，简称《流数法》，完成于1671年；《曲线求积术》，简称《求积术》，完成于1691年。这3篇论文反映了牛顿微积分学说的发展过程，并且可以看到牛顿对于微积分先后给出了不同的解释。牛顿的《流数法》写于1671年，直到1736年才发表；《流数法》标志着微积分的诞生，但它在许多方面是不成熟的。

莱布尼兹1646年生于德国。15岁时他进了莱比锡大学学习法律，一进校便跟上了大学二年级标准的人文学科的课程，还广泛阅读了培根、开普勒、伽利略等人的著作，并对他们的著述进行深入的思考和评价。在听了教授讲授欧几里德的《几何原本》的课程后，莱布尼兹对数学产生了浓厚的兴趣。1672年赴巴黎，在那里接触到惠更斯等一些数学名流，引其进入了数学领域，开始微积分的创造性工作。1673年，莱布尼兹被推荐为英国皇家学会会员。此时他的兴趣已明显地朝向了数学和自然科学，开始了对无穷小算法的研究，独立地创立了微积分的基本概念与算法。

然而关于微积分创立的优先权，数学上曾掀起了一场激烈的争论。实际上牛顿在微积分方面的研究虽早于莱布尼兹，但莱布尼兹成果的发表则早于牛顿。莱布尼兹在1684年10月发表的论文《一种求极大极小和切线的新方法，它也适用于分式和无理量，以及这种新方法的奇妙类型的计算》，在数学史上被认为是最早发表的微积分文献。牛顿在1687年出版的《自然哲学的数学原理》的第一版和第二版也写道："十年前在我和最杰出的几何学家G、W莱布尼兹的通信中，我表明我已经知道确定极大值和极小值的方法、作切线的方法以及类似的方法，但我在交换的信件中隐瞒了这方法，这位最卓越的科学家在回信中写道，他也发现了一种同样的方法。他诉述了他的方法，我们的方法几乎没有什么不同，除了他的措词和符号以外。"（但在第三版及以后再版时，这段话被删掉了）因此后来人们公认牛顿和莱布尼兹是各自独立地创建微积分的。牛顿从物理学出发，运用集合方法研究微积分，应用上更多地结合了运动学，造诣高于莱布尼兹。莱布尼兹则从几何问题出发，运用分析学方法引进微积分概念、得出运算法则，其数学的严密性与系统性是牛顿所不及的。莱布尼兹认识到运用符号的技巧是数学成功的关键之一。他发明了一套适用的符号系统，如引入dx表示x的微分、$\int$表示积分、$d^n x$表示n阶微分等等。这些符号进一步促进了微积分学的发展，沿用至今。1713年，莱布尼兹发表了《微积分的历史和起源》一文，总结了自己创立微积分学的思路，说明了自己成就的独立性。

微积分学的创立，极大地推动了数学的发展。过去很多初等数学束手无策的问题，运用微积分往往迎刃而解，显示出微积分学的非凡威力。应该指出的是，和历史上任何一项重大理论的完成都要经历一段时间一样，牛顿和莱布尼茨的工作也都是很不完善的，他们在无穷和无穷小量这个问题上，十分含糊。牛顿的无穷小量，有时候是零，有时候不是零而是有限的小量；莱布尼茨的也不能自圆其说。这些基础方面的缺陷，最终导致了第二次数学危机的产生。直到19世纪初，法国科学学院的科学家以柯西为首，对微积分的理论进行了认真研究，建立了极限理论，后来又经过德国数学家维尔斯特拉斯进一步的严格化，使极限理论成为了微积分的坚定基础，才使微积分进一步的发展开来。任何新兴的、具有无量前途的科学成就都吸引着广大的科学工作者。在微积分的历史上也闪烁着这样的一些明星：瑞士的雅科布·贝努利和他的兄弟约翰·贝努利、欧拉、法国的拉格朗日、科西……欧氏几何也好，上古和中世纪的代数学也好，都是一种常量数学，微积分才是真正的变量数学，是数学中的大革命。

第二部分

线性代数初步

线性代数是高等数学的入门课程之一，其主要研究对象包括行列式、矩阵、线性方程组、向量空间、线性变换等。线性代数的基本概念、理论和方法具有较强的逻辑性和抽象性。例如，在线性代数中 n 维向量的概念就是一个抽象的数学概念。向量这一概念起源于对二维和三维直角坐标系的研究。在直角坐标系下，一个向量是具有一定长度的有方向的线段。力、速度等物理量都可以用向量表示。线性代数将二维和三维的向量扩展到 n 维的向量，将二维和三维的空间扩展到 n 维的向量空间。虽然 n 维向量与 n 维空间超乎人们的想象，但对实际生活中某些数据的表示与分析起到非常好的简化效果。

线性代数被广泛地应用于数学、物理学、经济学、管理学、统计学、计算机科学等学科领域中。例如，城市规划中交通流的问题和经济学中的投入产出问题都可以利用线性方程组来解决。而在计算机图形学中，线性代数的思想贯穿始终。计算机图形学利用向量和矩阵来描述图形，利用线性变化来描述图形的旋转，平移，或者缩放。线性代数利用线性的观点来分析解决问题，对于实际应用中的某些非线性问题也可以利用计算机技术进行高精度地线性化。计算机科学的日益发展还使得大型线性问题的可计算性逐步实现，使得线性代数的地位日趋重要。

鉴于文科类专业高等数学课程课时的限制，本书的第二部分我们主要对线性代数中矩阵和线性方程组的概念与方法做基本介绍，读者若要全面了解线性代数理论知识，还需参照其他更为专业的教材。

第5章

线性方程组

实际工作中经常要求解未知数个数与方程组个数不等的线性方程组，对于这些一般线性方程组的求解方法是本章讨论的重点。

§5.1　线性方程组的基本概念

由 n 个未知量，m 个线性方程构成的方程组

$$\begin{cases} a_{11}x_1+a_{12}x_2+\cdots+a_{1n}x_n=b_1 \\ a_{21}x_1+a_{22}x_2+\cdots+a_{2n}x_n=b_2 \\ \cdots\quad\cdots\quad\cdots \\ a_{m1}x_1+a_{m2}x_2+\cdots+a_{mn}x_n=b_m \end{cases} \tag{5.1}$$

称为 n 元线性方程组。其中 x_j 是未知量；a_{ij}是第 i 个方程中未知量 x_j 的系数；b_i 是 i 个方程的常数项。若常数项 $b_1=b_2=\cdots b_m=0$，则方程组称为 n 元齐次线性方程组。

$$\begin{cases} a_{11}x_1+a_{12}x_2+\cdots+a_{1n}x_n=0 \\ a_{21}x_1+a_{22}x_2+\cdots+a_{2n}x_n=0 \\ \cdots\quad\cdots\quad\cdots \\ a_{m1}x_1+a_{m2}x_2+\cdots+a_{mn}x_n=0 \end{cases} \tag{5.2}$$

否则称为 n 元非齐次线性方程组。方程组（5.2）也称为方程组（5.1）所对应的齐次线性方程组。

例如$\begin{cases} x_1+x_2-3x_3=-1 \\ -x_1+2x_2+x_3=2 \\ 2x_1-x_2+2x_3=3 \end{cases}$是一个三元非齐次线性方程组，$\begin{cases} x_1+x_2-3x_3=0 \\ -x_1+2x_2+x_3=0 \\ 2x_1-x_2+2x_3=0 \end{cases}$是一个三元齐次线性方程组，也是$\begin{cases} x_1+x_2-3x_3=-1 \\ -x_1+2x_2+x_3=2 \\ 2x_1-x_2+2x_3=3 \end{cases}$所对应的齐次线性方程组。

由 n 个数 $c_1, c_2, \cdots, c_n$ 组成一个有序数组，将它们依次代替方程组（5.1）中的 $x_1, x_2, \cdots, x_n$，使得方程组（5.1）成为恒等式，则这个有序数组$(c_1, c_2, \cdots, c_n)$称为方程组的一个解。当 $c_1 = c_2 = \cdots c_n = 0$ 时，显然满足齐次线性方程组（5.2），这个解称为齐次方程组（5.2）的零解，若存在不全为零的有序数组$(c_1, c_2, \cdots, c_n)$满足方程组（5.2），这个解称为齐次方程组（5.2）的非零解。例如$(1,1,1)$满足方程组$\begin{cases} x_1 + x_2 - 3x_3 = -1 \\ -x_1 + 2x_2 + x_3 = 2 \\ 2x_1 - x_2 + 2x_3 = 3 \end{cases}$，所以$(1,1,1)$是非齐次线性方程组$\begin{cases} x_1 + x_2 - 3x_3 = -1 \\ -x_1 + 2x_2 + x_3 = 2 \\ 2x_1 - x_2 + 2x_3 = 3 \end{cases}$的一个解；因为$(1,1,0)$满足方程组$\begin{cases} x_1 - x_2 + 3x_3 = 0 \\ -2x_1 + 2x_2 - 7x_3 = 0 \end{cases}$，所以$(1,1,0)$是齐次线性方程组$\begin{cases} x_1 - x_2 + 3x_3 = 0 \\ -2x_1 + 2x_2 - 7x_3 = 0 \end{cases}$的一个非零解。

仔细观察发现，方程组仅与它的系数及常数项有关，将方程组（5.1）的系数和常数项按照原来的位置排成一个 m 行 $n+1$ 列的数表：

$$\begin{pmatrix} a_{11} & a_{12} & \cdots & a_{1n} & b_1 \\ a_{21} & a_{22} & \cdots & a_{2n} & b_2 \\ \vdots & \vdots & & \vdots & \vdots \\ a_{m1} & a_{m2} & \cdots & a_{mn} & b_m \end{pmatrix} \tag{5.3}$$

在数学中，把这样的数表称为方程组（5.1）的增广矩阵，记为 $\bar{A} = (A \vdots \beta)$。其中，A 表示由系数按照原来的位置组成的一个数表，称为系数矩阵；β 是方程组的右端常数项。线性方程组完全由系数和常数项确定，因此用增广矩阵可以清楚地表示这个线性方程组，对线性方程组的研究也可以转化为对它的增广矩阵的研究。

例 5.1 写出线性方程组

$$\begin{cases} 4x_1 + 3x_2 - 6x_3 = 1 \\ -2x_1 + x_2 + 2x_3 = 1 \\ x_1 - x_2 + 4x_3 = 4 \\ 2x_1 + 3x_2 - 2x_3 = 3 \end{cases}$$

的系数矩阵与增广矩阵。

解：系数矩阵：
$$\begin{pmatrix} 4 & 3 & -6 \\ -2 & 1 & 2 \\ 1 & -1 & 4 \\ 2 & 3 & -2 \end{pmatrix}$$

增广矩阵：
$$\begin{pmatrix} 4 & 3 & -6 & 1 \\ -2 & 1 & 2 & 1 \\ 1 & -1 & 4 & 4 \\ 2 & 3 & -2 & 3 \end{pmatrix}$$

§5.2 线性方程组的消元法

消元法是解二元或三元线性方程组的基本方法，它的基本思想是通过消元，将方程组转化为容易求解的同解方程组。

例 5.2 解线性方程组 $\begin{cases}2x_1+x_2+5x_3=8\\x_1+3x_2-5x_3=-1\\3x_1-x_2+2x_3=4\end{cases}$ (5.4)

解：将第一个方程与第二个方程互换，得

$$\begin{cases}x_1+3x_2-5x_3=-1\\2x_1+x_2+5x_3=8\\3x_1-x_2+2x_3=4\end{cases} \tag{5.5}$$

用第一个方程的 -2 倍，-3 倍分别加到第二、三个方程上，得

$$\begin{cases}x_1+3x_2-5x_3=-1\\-5x_2+15x_3=10\\-10x_2+17x_3=7\end{cases} \tag{5.6}$$

第二个方程两边同时乘以 $-\frac{1}{5}$，得

$$\begin{cases}x_1+3x_2-5x_3=-1\\x_2-3x_3=-2\\-10x_2+17x_3=7\end{cases} \tag{5.7}$$

将方程组（5.7）第二个方程的10倍加到第三个方程上，再将第三个方程乘以 $-\frac{1}{13}$，得

$$\begin{cases}x_1+3x_2-5x_3=-1\\x_2-3x_3=-2\\x_3=1\end{cases} \tag{5.8}$$

形如（5.8）的线性方程组称为阶梯形方程组。将第三个方程的3倍、5倍分别加到第二、第一个方程上，得

$$\begin{cases}x_1+3x_2=4\\x_2=1\\x_3=1\end{cases} \tag{5.9}$$

最后用第二个方程的 -3 倍加到第一个方程上，得

$$\begin{cases}x_1=1\\x_2=1\\x_3=1\end{cases} \tag{5.10}$$

从方程组（5.5）到方程组（5.8）进行了三种变换，分别是：

①交换两个方程的位置；

②用不等于零的常数 k 乘以某方程的两边；

③将某方程的 k 倍加到另一个方程上。

这三种变换叫做线性方程组的初等变换，经过初等变换，线性方程组变化成与原方程组同解的阶梯形方程组，这个过程也称为“消元过程”。

从方程组（5.8）到方程组（5.10），阶梯形方程组经过初等变换，得到了方程组的解，这个过程称为“回代过程”。

经过仔细观察，可以发现线性方程组的变换其本质就是对增广矩阵的行施行了一些变换，因此上述方程组的求解过程可以用增广矩阵的行变换表示出来。

定义 5.1 下面三种变换称为矩阵的初等行变换：

①交换第 i 行和第 j 行的位置，记作 (r_i, r_j)；

②以数 $k\neq 0$ 乘以第 i 行，记作 kr_i；

③把第 i 行的 k 倍加到第 j 行上，记作 $r_j + kr_i$。

通过初等行变换，可以使增广矩阵变成形式上较为简单的矩阵。我们用矩阵的初等行变化来表示刚才的消元过程，会让形式变得很简单。

$$\overline{A}=\begin{pmatrix}2 & 1 & 5 & \vdots & 8\\ 1 & 3 & -5 & \vdots & -1\\ 3 & -1 & 2 & \vdots & 4\end{pmatrix}\xrightarrow{(r_1,r_2)}\begin{pmatrix}1 & 3 & -5 & \vdots & -1\\ 2 & 1 & 5 & \vdots & 8\\ 3 & -1 & 2 & \vdots & 4\end{pmatrix}$$

$$\xrightarrow[r_3-3r_1]{r_2-2r_1}\begin{pmatrix}1 & 3 & -5 & \vdots & -1\\ 0 & -5 & 15 & \vdots & 10\\ 0 & -10 & 17 & \vdots & 7\end{pmatrix}$$

$$\xrightarrow{-\frac{1}{5}r_2}\begin{pmatrix}1 & 3 & -5 & \vdots & -1\\ 0 & 1 & -3 & \vdots & -2\\ 0 & -10 & 17 & \vdots & 7\end{pmatrix}$$

$$\xrightarrow[-\frac{1}{13}r_3]{r_3+10r_2}\begin{pmatrix}1 & 3 & -5 & \vdots & -1\\ 0 & 1 & -3 & \vdots & -2\\ 0 & 0 & 1 & \vdots & 1\end{pmatrix} \tag{5.11}$$

$$\xrightarrow[r_1+5r_3]{r_2+3r_3}\begin{pmatrix}1 & 3 & 0 & \vdots & 4\\ 0 & 1 & 0 & \vdots & 1\\ 0 & 0 & 1 & \vdots & 1\end{pmatrix}$$

$$\xrightarrow{r_1-3r_2}\begin{pmatrix}1 & 0 & 0 & \vdots & 1\\ 0 & 1 & 0 & \vdots & 1\\ 0 & 0 & 1 & \vdots & 1\end{pmatrix} \tag{5.12}$$

矩阵（5.11）对应方程组（5.8），这个矩阵形如一个阶梯，称为阶梯形矩阵，这类矩阵具有如下特征：从上至下每行第一个非零元素左边的零元素个数递增，全为零的行（如果有的话）位于最下方。

矩阵（5.12）叫做行最简阶梯形矩阵。它具有如下两个特点：

①它是阶梯形矩阵；

②非零行的首个非零元（主元）是 1，主元所在列的其他元素都是 0。

利用矩阵的初等行变换，逐步将方程组的增广矩阵化成行最简阶梯形矩阵，从而求得方程组解的方法，称为高斯消元法。“高斯消元法”这一称呼，它是国际上通用的称呼。但高斯消元法其实是中国古法，它在公元 1 世纪时我国东汉初年成书的《九章算术》中已具雏形；公元 263 年我国三国时代的数学家刘徽在注解《九章算术》时已经完成，并经我国历朝历代的数学家们沿用至今，它远远早于德国杰出数学家高斯（C. F. Gauss，1777 ~ 1855）生活的年代。

例 5.3　用高斯消元法解线性方程组

$$\begin{cases} x_1+x_2+x_3+2x_4=3 \\ 2x_1-x_2+3x_3+8x_4=8 \\ -3x_1+2x_2-x_3-9x_4=-5 \\ x_2-2x_3-3x_4=-4 \end{cases}$$

解：对方程组的增广矩阵做初等行变换

$$\begin{pmatrix} 1 & 1 & 1 & 2 & \vdots & 3 \\ 2 & -1 & 3 & 8 & \vdots & 8 \\ -3 & 2 & -1 & -9 & \vdots & -5 \\ 0 & 1 & -2 & -3 & \vdots & -4 \end{pmatrix} \xrightarrow[r_3+3r_1]{r_2-2r_1} \begin{pmatrix} 1 & 1 & 1 & 2 & \vdots & 3 \\ 0 & -3 & 1 & 4 & \vdots & 2 \\ 0 & 5 & 2 & -3 & \vdots & 4 \\ 0 & 1 & -2 & -3 & \vdots & -4 \end{pmatrix}$$

$$\xrightarrow{(r_2,r_4)} \begin{pmatrix} 1 & 1 & 1 & 2 & \vdots & 3 \\ 0 & 1 & -2 & -3 & \vdots & -4 \\ 0 & 5 & 2 & -3 & \vdots & 4 \\ 0 & -3 & 1 & 4 & \vdots & 2 \end{pmatrix} \xrightarrow[r_r+3r_2]{r_3-5r_2} \begin{pmatrix} 1 & 1 & 1 & 2 & \vdots & 3 \\ 0 & 1 & -2 & -3 & \vdots & -4 \\ 0 & 0 & 12 & 12 & \vdots & 24 \\ 0 & 0 & -5 & -5 & \vdots & -10 \end{pmatrix}$$

$$\xrightarrow[r_4+5r_3]{\frac{1}{12}r_3} \begin{pmatrix} 1 & 1 & 1 & 2 & \vdots & 3 \\ 0 & 1 & -2 & -3 & \vdots & -4 \\ 0 & 0 & 1 & 1 & \vdots & 2 \\ 0 & 0 & 0 & 0 & \vdots & 0 \end{pmatrix} \xrightarrow[r_2+2r_3]{r_2-r_3} \begin{pmatrix} 1 & 1 & 0 & 1 & \vdots & 1 \\ 0 & 1 & 0 & -1 & \vdots & 0 \\ 0 & 0 & 1 & 1 & \vdots & 2 \\ 0 & 0 & 0 & 0 & \vdots & 0 \end{pmatrix}$$

$$\xrightarrow{r_1-r_2} \begin{pmatrix} 1 & 0 & 0 & 2 & \vdots & 1 \\ 0 & 1 & 0 & -1 & \vdots & 0 \\ 0 & 0 & 1 & 1 & \vdots & 2 \\ 0 & 0 & 0 & 0 & \vdots & 0 \end{pmatrix}$$

最后一个矩阵对应的线性方程组是

$$\begin{cases} x_1 \qquad +2x_4=1 \\ x_2 \qquad -x_4=0 \\ x_3+x_4=2 \end{cases}$$

这里有 4 个未知量，但是只有 3 个方程，若令 $x_4=c$，可得方程组的解为

$$\begin{cases} x_1=1-2c \\ x_2=c \\ x_3=2-c \\ x_4=c \end{cases} \quad (c\text{ 为任意常数})$$

这种解称为方程组的一般解。x_1、x_2、x_3 为行最简形矩阵中主元所对应的未知量，被称为主未知量，而 x_4 是行最简形矩阵中的其他列元素所对应的未知量，称为自由未知量，将自由未知量任意取值，会得到原方程组的无穷多组解。

例 5.4　用高斯消元法解线性方程组 $\begin{cases} x_1-2x_2-3x_3=2 \\ x_1-4x_2-13x_3=14 \\ -3x_1+5x_2+4x_3=2 \end{cases}$

解：对方程组的增广矩阵做初等行变换

$$\begin{pmatrix} 1 & -2 & -3 & \vdots & 2 \\ 1 & -4 & -13 & \vdots & 14 \\ -3 & 5 & 4 & \vdots & 2 \end{pmatrix} \xrightarrow[r_3+3r_1]{r_2-r_1} \begin{pmatrix} 1 & -2 & 3 & \vdots & 2 \\ 0 & -2 & -10 & \vdots & 12 \\ 0 & -1 & -5 & \vdots & 8 \end{pmatrix}$$

$$\xrightarrow[r_3+r_2]{-\frac{1}{2}r_2} \begin{pmatrix} 1 & -2 & 3 & \vdots & 2 \\ 0 & 1 & 5 & \vdots & -6 \\ 0 & 0 & 0 & \vdots & 2 \end{pmatrix}$$

这个行阶梯形矩阵的最后一行表示的方程是 $0=2$，显然是一个矛盾方程，故原方程组无解。

上述三例说明：线性方程组可能有惟一解或有无穷多解，或者无解。具体情况由增广矩阵 $\overline{A}$ 经过初等行变化后所得的行最简阶梯形矩阵决定，判断规则如下：

定理 5.1　对于线性方程组（5.1），令其增广矩阵 $\overline{A}$ 经过初等行变化后所得的阶梯形矩阵为 B：

①若 B 出现非零行 $(00\cdots0b)$，$b\neq0$，则方程组（5.1）无解。

②若 B 不出现非零行 $(00\cdots0b)$，$b\neq0$，则方程组（5.1）有解：

若 B 的非零行行数 = 未知数个数，则方程组（5.1）有惟一解；

若 B 的非零行行数 < 未知数个数，则方程组（5.1）有无穷多解。

推论 5.1　对于齐次线性方程组（5.2），若方程个数 m 小于未知数个数 n，此方程组必有非零解。

例 5.5　判断齐次线性方程 $\begin{cases} x_1-2x_2-3x_3+5x_4=0 \\ x_1-4x_2-13x_3-x_4=0 \\ -3x_1+5x_2+4x_3+2x_4=0 \end{cases}$ 解的情况。

解：此齐次线性方程组的方程个数小于未知数个数，所以此方程组有非零解。

例 5.6　当 a、b 为何值时，线性方程组 $\begin{cases} x_1+3x_2+x_3=0 \\ 3x_1+2x_2+3x_3=-1 \\ -x_1+4x_2+ax_3=b \end{cases}$ 有惟一解，有无穷多解或无解？有解时，写出全部解。

解：$$\overline{A}=\begin{pmatrix} 1 & 3 & 1 & \vdots & 0 \\ 3 & 2 & 3 & \vdots & -1 \\ -1 & 4 & a & \vdots & b \end{pmatrix} \xrightarrow[r_3+r_1]{r_2-3r_1} \begin{pmatrix} 1 & 3 & 1 & \vdots & 0 \\ 0 & -7 & 0 & \vdots & -1 \\ 0 & 7 & a+1 & \vdots & b \end{pmatrix}$$

$$\xrightarrow{r_3+r_2}\begin{pmatrix}1 & 3 & 1 & \vdots & 0\\0 & -7 & 0 & \vdots & -1\\0 & 0 & a+1 & \vdots & b-1\end{pmatrix}$$

当 $a=-1,b\neq1$ 时，最后一行出现 $(0 0 0\ b-1)$，矛盾方程，方程组无解；

当 $a\neq-1,b\neq1$ 时，无矛盾行，非零行行数 = 未知数个数，方程组有惟一解。

$$\bar{A}\to\begin{pmatrix}1 & 3 & 1 & \vdots & 0\\0 & -7 & 0 & \vdots & -1\\0 & 0 & a+1 & \vdots & b-1\end{pmatrix}\xrightarrow[\frac{1}{a+1}r_3]{-\frac{1}{7}r_2}\begin{pmatrix}1 & 3 & 1 & \vdots & 0\\0 & 1 & 0 & \vdots & \frac{1}{7}\\0 & 0 & 1 & \vdots & \frac{b-1}{a+1}\end{pmatrix}$$

$$\xrightarrow[r_1-r_3]{r_1-3r_2}\begin{pmatrix}1 & 0 & 0 & \vdots & \frac{-3}{7}+\frac{1-b}{a+1}\\0 & 1 & 0 & \vdots & \frac{1}{7}\\0 & 0 & 1 & \vdots & \frac{b-1}{a+1}\end{pmatrix}$$

方程组的惟一解是 $\begin{cases}x_1=\dfrac{4-3a-7b}{7(a+1)}\\x_2=\dfrac{1}{7}\\x_3=\dfrac{b-1}{a+1}\end{cases}$

当 $a=-1,b=1$ 时，无矛盾行，有2行非零行，小于未知数个数3，方程组有无穷多解。

$$\bar{A}\to\begin{pmatrix}1 & 3 & 1 & \vdots & 0\\0 & -7 & 0 & \vdots & -1\\0 & 0 & 0 & \vdots & 0\end{pmatrix}\xrightarrow{-\frac{1}{7}r_2}\begin{pmatrix}1 & 3 & 1 & \vdots & 0\\0 & 1 & 0 & \vdots & \frac{1}{7}\\0 & 0 & 0 & \vdots & 0\end{pmatrix}\xrightarrow{r_1-3r_2}\begin{pmatrix}1 & 0 & 1 & \vdots & \frac{-3}{7}\\0 & 1 & 0 & \vdots & \frac{1}{7}\\0 & 0 & 0 & \vdots & 0\end{pmatrix}$$

行最简形矩阵对应的方程组为：

$$\begin{cases}x_1+x_3=-\dfrac{3}{7}\\x_2=-\dfrac{1}{7}\end{cases}$$

易知 x_3 是自由未知量，令 $x_3=c$（c 为任意常数），得该方程组的一般解为

$$\begin{cases}x_1=-\dfrac{3}{7}-c\\x_2=-\dfrac{1}{7}\\x_3=c\end{cases}\quad(c\text{ 为任意常数})$$

§5.3　线性方程组的应用

例 5.7（营养食谱问题） 一个饮食专家计划一份膳食，提供一定量的维生素 C、钙和镁。其中用到 3 种食物，这些食品提供的营养以及食谱需要的营养如表 5.1 所示。

表 5.1

营养	单位食物所含的营养（毫克）			需要的营养总量（毫克）
	食物 1	食物 2	食物 3	
维生素 C	10	20	20	100
钙	50	40	10	300
镁	30	10	40	200

针对这个问题写出一个方程，说明方程中的变量表示什么，然后求解这个方程。

解： 用 x_1、x_2、x_3 分别表示食物 1、2、3 的用量，则根据表 5.1 列出方程组：

$$\begin{cases}10x_1+20x_2+20x_3=100\\50x_1+40x_2+10x_3=300\\30x_1+10x_2+40x_3=200\end{cases}$$

对其增广矩阵做初等变换

$$\begin{pmatrix}10&20&20&100\\50&40&10&300\\30&10&40&200\end{pmatrix}\xrightarrow{\frac{1}{10}r_1,\frac{1}{10}r_2,\frac{1}{10}r_3}\begin{pmatrix}1&2&2&10\\5&4&1&30\\3&1&4&20\end{pmatrix}\xrightarrow[r_3-3r_1]{r_2-5r_1}\begin{pmatrix}1&2&2&10\\0&-6&-9&-20\\0&-5&-2&-10\end{pmatrix}$$

$$\xrightarrow{r_2-r_3}\begin{pmatrix}1&2&2&10\\0&-1&-7&-10\\0&-5&-2&-10\end{pmatrix}\xrightarrow[-5r_2+r_3]{-r_2}\begin{pmatrix}1&2&2&10\\0&1&7&10\\0&0&-33&-40\end{pmatrix}\xrightarrow{-\frac{1}{33}r_3}\begin{pmatrix}1&2&2&10\\0&1&7&10\\0&0&1&\frac{40}{33}\end{pmatrix}$$

$$\xrightarrow[r_1-2r_3]{r_2-7r_3}\begin{pmatrix}1&2&0&\frac{250}{33}\\0&1&0&\frac{50}{33}\\0&0&1&\frac{40}{33}\end{pmatrix}\xrightarrow{r_1-2r_2}\begin{pmatrix}1&0&0&\frac{150}{33}\\0&1&0&\frac{50}{33}\\0&0&1&\frac{40}{33}\end{pmatrix}$$

上述最简形表明，方程组的解为$\begin{cases}x_1=\frac{150}{33}\\x_2=\frac{50}{33}\\x_3=\frac{40}{33}\end{cases}$，当食物 1、食物 2、食物 3 分别为$\frac{150}{33}$,$\frac{50}{33}$,$\frac{40}{33}$毫克时，能提供所需的维生素 C、钙和镁。

例 5.8（经济系统的平衡） 假设一个经济系统由三个行业：五金化工、能源（如燃料、电力等)、机械组成，每个行业的产出在各行业中的分配见表5.2，每一列中的元素表示占该行业总产出的比例。以第二列为例，能源行业的总产出的分配如下：80%分配到五金化工行业，10%分配到机械行业，余下的供本行业使用。因为考虑了所有的产出，所以每一列的小数加起来必须等于1。把五金化工、能源、机械行业每年总产出的价格（即货币价值）分别用 p_1、p_2、p_3 表示，试求出使得每个行业的投入与产出都相等的平衡价格。

表5.2

产出分配			购买者
五金化工	能源	机械	
0.2	0.8	0.4	五金化工
0.3	0.1	0.4	能源
0.5	0.1	0.2	机械

列昂惕夫的“交换模型”：假设一个国家的经济分为很多行业，例如制造业、通讯业、娱乐业和服务行业等。我们知道每个部门一年的总产出，并准确了解其产出如何在经济的其他部门之间分配或“交易”。把一个部门产出的总货币价值称为该产出的价格（price）。列昂惕夫证明了结论：存在赋给各部门总产出的平衡价格，使得每个部门的投入与产出都相等。

解：从表5.2中可以看出，每列表示每个行业的产出分配到何处，每行表示每个行业所需的投入。例如，第1行说明五金化工行业购买了80%的能源产出、40%的机械产出以及20%的本行业产出，由于三个行业的总产出价格分别是 p_1、p_2、p_3，因此五金化工行业必须分别向三个行业支付 $0.2p_1$、$0.8p_2$、$0.4p_3$ 元。五金化工行业的总支出为 $0.2p_1+0.8p_2+0.4p_3$。为了使五金化工行业的收入 p_1 等于它的支出，因此希望

$$p_1=0.2p_1+0.8p_2+0.4p_3$$

采用类似的方法处理表5.2中第2、第3行，同上式一起构成齐次线性方程组

$$\begin{cases}p_1=0.2p_1+0.8p_2+0.4p_3\\p_2=0.3p_1+0.1p_2+0.4p_3\\p_3=0.5p_1+0.1p_2+0.2p_3\end{cases}\Rightarrow\begin{cases}0.8p_1-0.8p_2-0.4p_3=0\\-0.3p_1+0.9p_2-0.4p_3=0\\-0.5p_1-0.1p_2+0.8p_3=0\end{cases}$$

对其增广矩阵做初等变换

$$\begin{pmatrix}0.8&-0.8&-0.4&0\\-0.3&0.9&-0.4&0\\-0.5&-0.1&0.8&0\end{pmatrix}\xrightarrow[\frac{1}{8}r_1]{10r_1,10r_2,10r_3}\begin{pmatrix}1&-1&-\frac{1}{2}&0\\-3&9&-4&0\\-5&-1&8&0\end{pmatrix}\xrightarrow[r_3+5r_1]{r_2+3r_1}\begin{pmatrix}1&-1&-\frac{1}{2}&0\\0&6&-\frac{11}{2}&0\\0&-6&\frac{11}{2}&0\end{pmatrix}$$

$$\xrightarrow[\frac{1}{6}r_2]{r_3+r_2}\begin{pmatrix}1&-1&-\frac{1}{2}&0\\0&1&-\frac{11}{12}&0\\0&0&0&0\end{pmatrix}\xrightarrow{r_1+r_2}\begin{pmatrix}1&0&-\frac{17}{12}&0\\0&1&-\frac{11}{12}&0\\0&0&0&0\end{pmatrix}$$

行最简形矩阵对应的方程组为 $\begin{cases}p_1-\frac{17}{12}p_3=0\\p_2-\frac{11}{12}p_3=0\end{cases}$，$p_3$ 为自由未知量，令 $p_3=C$（C 为任意常

数)，得给方程组的一般解为

$$\begin{cases} p_1 = \dfrac{17}{12}C \\ p_2 = \dfrac{11}{12}C \\ p_3 = C \end{cases} \quad (C\text{ 为任意常数})$$

此即经济系统的平衡价格，每个 p_3 的非负取值都确定一个平衡价格的取值。例如，我们取 p_3 为 1.000 亿元，则 $p_1 = 1.417$ 亿元，$p_2 = 0.917$ 亿元。即如果五金化工行业产出价格为 1.417 亿元，则能源行业产出价格为 0.917 亿元，机械行业的产出价格为 1.000 亿元，那么每个行业的收入和支出相等。

例 5.9 “百鸡百元”问题①：公鸡 5 元 1 只，母鸡 3 元 1 只，小鸡 3 只 1 元，今花百元购得百鸡，问公、母、小鸡各几只？

解：设购得公鸡 x 只，母鸡 y 只，则购得小鸡为 $100-x-y$ 只。依题意可列出方程：$5x+3y+\frac{1}{3}(100-x-y)=100$，整理得 $7x+4y=100$。这是一个二元线性方程，其非零行行数小于未知数个数，此方程有无穷多解，我们需要找出它的整数解。求得以下三组整数解 $\begin{cases}x=4\\y=18\end{cases}$，$\begin{cases}x=8\\y=11\end{cases}$，$\begin{cases}x=12\\y=4\end{cases}$，购得公鸡 4 只，母鸡 18 只，小鸡 78 只；或公鸡 8 只，母鸡 11 只，小鸡 81 只；或公鸡 12 只，母鸡 4 只，小鸡 84 只。

习 题 五

1. 用高斯消元法求解下列方程组：

(1) $\begin{cases} x_1+2x_2-x_4=-1 \\ -x_1-3x_2+x_3+2x_4=3 \\ x_1-x_2+3x_3+x_4=1 \\ 2x_1-3x_2+7x_3+3x_4=4 \end{cases}$

(2) $\begin{cases} x_1+2x_2+3x_3=0 \\ 2x_1+5x_2+3x_3=0 \\ x_1+8x_3=0 \end{cases}$

2. a、b、c 满足什么关系时，下列线性方程组有解？

(1) $\begin{cases} x_1+x_2+2x_3=a \\ x_1+x_3=b \\ 2x_1+x_2+3x_3=c \end{cases}$

① 此题载于公元 5 ~ 6 世纪成书的《张邱建算经》。

(2) $\begin{cases} 3x_1+5x_2-x_3=a \\ 4x_1-2x_2+x_3=b \\ x_1-x_2+5x_3=c \end{cases}$

3. 判断下列方程组解的情况：

(1) $\begin{cases} x_1+2x_2-3x_3+4x_4=0 \\ 2x_1-3x_2+x_3=0 \\ x_1+9x_2-10x_3+12x_4=11 \end{cases}$

(2) $\begin{cases} x_1+2x_2-5x_3+13x_4=0 \\ 3x_1-x_2+2x_3-7x_4=0 \\ 4x_1+x_2-3x_3-4x_4=0 \\ x_1-2x_2+6x_3-9x_4=0 \end{cases}$

(3) $\begin{cases} x_1+2x_2=4 \\ 2x_1-x_2=2 \end{cases}$

(4) $\begin{cases} -3x_1+x_2+4x_3=-1 \\ x_1+x_2+x_3=0 \\ -2x_1+x_3=-1 \\ x_1+x_2-2x_3=0 \end{cases}$

4. 求下列方程组的通解：

(1) $\begin{cases} x_1+x_2-3x_3-x_4=1 \\ 3x_1-x_2-3x_3+4x_4=4 \\ x_1+5x_2-9x_3-8x_4=0 \end{cases}$

(2) $\begin{cases} x_1+x_2-x_3-x_4=1 \\ 2x_1+x_2+x_3+x_4=4 \\ 4x_1+3x_2-x_3-x_4=6 \\ x_1+2x_2-4x_3-4x_4=-1 \end{cases}$

(3) $\begin{cases} 2x_1-4x_2+5x_3+3x_4=0 \\ 3x_1-6x_2+4x_3+2x_4=0 \\ 4x_1-8x_2+17x_3+11x_4=0 \end{cases}$

(4) $\begin{cases} 2x_1+x_2-x_3-x_4+x_5=0 \\ 5x_1+4x_2-4x_3-4x_4+5x_5=0 \\ x_1+2x_2-2x_3-2x_4+3x_5=0 \\ 4x_1+5x_2-5x_3-5x_4+7x_5=0 \end{cases}$

5. 今有物不知数，三三数之余二，五五数之余三，七七数之余二，问物几何?[①]

① 东汉《孙子算经》。

附：线性方程组发展简史

线性方程组的解法，早在中国古代的数学著作《九章算术方程》中已做了比较完整的论述。所描述的方法相当于现代的对方程组的增广矩阵施行初等行变换从而消去未知量的方法——高斯消元法。西方线性方程组的研究是在17世纪后期由莱布尼茨开创的，他研究了含两个未知量的三个线性方程组成的方程组。麦克劳林在18世纪上半叶研究了具有二元、三元、四元线性方程组，得到了被称为“克莱姆法则”的结果，不久后克莱姆也发表了这个法则。18世纪下半叶，法国数学家贝祖对线性方程组进行了一系列研究，证明了n元齐次线性方程组有非零解的条件是系数行列式等于零。

19世纪，英国数学家史密斯（H. Smith）和道奇森（C－L. Dodgson）继续研究线性方程组理论，前者引进了方程组的增广矩阵和非增广矩阵的概念，后者证明了n个未知数m个方程的方程组有解的充要条件是系数矩阵和增广矩阵的秩相同，这正是现代方程组理论中的重要结果之一。

大量的科学技术问题，最终往往归结为解线性方程组。因此在线性方程组的数值解法得到发展的同时，线性方程组解的结构等理论性工作也取得了令人满意的进展。现在线性方程组的数值解法在计算数学中占有重要地位。

第6章

矩　　阵

矩阵是线性代数的主要研究对象，作为一种重要的数学工具，矩阵在自然科学、工程技术和社会科学中有着广泛的应用。最早利用矩阵概念的是拉格朗日（Lagrange），当时拉格朗日没有明确地提出矩阵概念。1848 年英格兰的 Sylvester 首先提出了矩阵这个词，它来源于拉丁语，代表一排数。本章将介绍矩阵代数的一些基本知识。

§6.1　矩阵的概念与运算

6.1.1　矩阵的概念

首先，看两个关于矩阵的实际例子。

例 6.1　2000 年和 2009 年我国能源消耗情况如表 6.1 所示[①]：

表 6.1

	2000 年	2009 年
能源消费总量（万吨标准煤）	135048	274618
人口总量（万人）	126743	133474
人均能源消费（吨标准煤）	1.09	2.06

该统计表可简单表示成下列矩阵：

$$\begin{pmatrix} 135048 & 274618 \\ 126743 & 133474 \\ 1.09 & 2.06 \end{pmatrix}$$

① 数据来源：2009 年《中国统计年鉴》。

例 6.2 2010 年年末金融机构地区分布如表 6.2 所示[①]：

表 6.2 单位：%

	机构个数占比	从业人数占比	资产总额占比
东部	39.5	44.0	60.5
中部	23.6	21.0	14.8
西部	27.0	23.9	17.5
东北部	9.9	11.1	7.3

该表可以简单表示成下列矩阵：

$$\begin{pmatrix} 39.5 & 44.0 & 60.5 \\ 23.6 & 21.0 & 14.8 \\ 27.0 & 23.9 & 17.5 \\ 9.9 & 11.1 & 7.3 \end{pmatrix}$$

从上面的例子可以看出，很多统计表格都可以简化成矩形的数表，即矩阵。我们可以将矩阵定义如下：

定义 6.1 由 $m\times n$ 个数排成的 m 行 n 列的数表

$$\begin{pmatrix} a_{11} & a_{12} & \cdots & a_{1n} \\ a_{21} & a_{22} & \cdots & a_{2n} \\ \vdots & \vdots & & \vdots \\ a_{m1} & a_{m2} & \cdots & a_{mn} \end{pmatrix}$$

称为 $m\times n$ 的矩阵，记作 $A=A_{m\times n}=(a_{ij})_{m\times n}=(a_{ij})$，这里 a_{ij}称为矩阵的元素。

实际应用中常出现下列几种特殊矩阵：

①**行向量**：只有一行的矩阵称为行向量，例如$(1\quad 0\quad 3)$；

列向量：只有一列的矩阵称为列向量，例如$\begin{pmatrix} 1 \\ 2 \\ 3 \end{pmatrix}$。

②**方阵**：行数和列数相等的矩阵称为方阵，$n\times n$ 的方阵称为 n 阶方阵，例如 $\begin{pmatrix} 1 & -1 & 2 \\ 0 & 2 & 1 \\ 1 & 2 & 3 \end{pmatrix}$是 3 阶方阵。

③**零矩阵**：元素全为零的矩阵成为零矩阵，记作 $O_{m\times n}$。

④**单位阵**：主对角线上元素全为 1，其他元素全为零的 $n\times n$ 阶矩阵称为 n 阶单位阵，记作 E_n 或 E，即 $E=E_n=\begin{pmatrix} 1 & 0 & \cdots & 0 \\ 0 & 1 & \cdots & 0 \\ \cdots & \cdots & \cdots & \cdots \\ 0 & 0 & \cdots & 1 \end{pmatrix}$。

① 数据来源：2010 年中国金融运行报告。

6.1.2 矩阵的加法

定义 6.2 对于具有相同行数和列数的矩阵 $A=(a_{ij})_{m\times n}$ 和 $B=(b_{ij})_{m\times n}$，如果它们的对应元素相等，即 $a_{ij}=b_{ij}(i=1,2,\cdots,m;j=1,2,\cdots,n)$，则称矩阵 A 与 B 相等，记作 $A=B$。

定义 6.3 设有两个 $m\times n$ 的矩阵 $A=(a_{ij})_{m\times n}$ 和 $B=(b_{ij})_{m\times n}$，则 A 与 B 的和规定为

$$A+B=\begin{pmatrix} a_{11}+b_{11} & a_{12}+b_{12} & \cdots & a_{1n}+b_{1n} \\ a_{21}+b_{21} & a_{22}+b_{22} & \cdots & a_{2n}+b_{2n} \\ \cdots & \cdots & \cdots & \cdots \\ a_{m1}+b_{m1} & a_{m2}+b_{m2} & \cdots & a_{mn}+b_{mn} \end{pmatrix}$$

规定矩阵 A 的负矩阵为 $-A=(-a_{ij})_{m\times n}$，则 A 与 B 的差为

$$A-B=A+(-B)=\begin{pmatrix} a_{11}-b_{11} & a_{12}-b_{12} & \cdots & a_{1n}-b_{1n} \\ a_{21}-b_{21} & a_{22}-b_{22} & \cdots & a_{2n}-b_{2n} \\ \vdots & \vdots & & \vdots \\ a_{m1}-b_{m1} & a_{m2}-b_{m2} & \cdots & a_{mn}-b_{mn} \end{pmatrix}$$

由定义知，只有行数与列数相同的两个矩阵才能相加或相减。

例 6.3 设矩阵

$$A=\begin{pmatrix} 1 & -1 & 3 \\ 3 & 2 & 4 \end{pmatrix},\ B=\begin{pmatrix} 2 & 1 & -1 \\ 1 & 3 & 5 \end{pmatrix}$$

求 $A+B$，$A-B$。

解： $A+B=\begin{pmatrix} 1+2 & -1+1 & 3-1 \\ 3+1 & 2+3 & 4+5 \end{pmatrix}=\begin{pmatrix} 3 & 0 & 2 \\ 4 & 5 & 9 \end{pmatrix}$

$A-B=\begin{pmatrix} 1-2 & -1-1 & 3+1 \\ 3-1 & 2-3 & 4-5 \end{pmatrix}=\begin{pmatrix} -1 & -2 & 4 \\ 2 & -1 & -1 \end{pmatrix}$

由加法的定义，容易验证矩阵加法具有下述性质：

①交换律：$A+B=B+A$

②结合律：$(A+B)+C=A+(B+C)$

③$A+0=A$，$A+(-A)=0$

6.1.3 数与矩阵的乘法

定义 6.4 用数 k 乘以矩阵 $A_{m\times n}$ 的每个元素所得到的矩阵称为数 k 与矩阵 $A_{m\times n}$ 的积，简称数乘，记作 kA，即

$$kA=\begin{pmatrix} ka_{11} & ka_{12} & \cdots & ka_{1n} \\ ka_{21} & ka_{22} & \cdots & ka_{2n} \\ \vdots & \vdots & & \vdots \\ ka_{m1} & ka_{m2} & \cdots & ka_{mn} \end{pmatrix}$$

由定义容易验证数乘运算具有下述性质：

设 A 与 B 是 $m\times n$ 的矩阵，k,l 为数，则

①$(kl)A=k(lA)$

②$(k+l)A=kA+lA$

③$k(A+B)=kA+kB$

矩阵加法与矩阵数乘合起来，统称为矩阵的**线性运算**。

例 6.4 已知$3A+B=2E$，$A=\begin{pmatrix}2&1\\3&3\end{pmatrix}$，求矩阵 B。

解：$B=2E-3A=\begin{pmatrix}2\times1&2\times0\\2\times0&2\times1\end{pmatrix}-\begin{pmatrix}3\times2&3\times1\\3\times3&3\times3\end{pmatrix}=\begin{pmatrix}2&0\\0&2\end{pmatrix}-\begin{pmatrix}6&3\\9&9\end{pmatrix}=\begin{pmatrix}-4&-3\\-9&-7\end{pmatrix}$

6.1.4 矩阵的乘法

与矩阵的线性运算相比，矩阵的乘法是一种相对较复杂的运算。在介绍矩阵乘法的定义之前，先来看一个实际应用中的例子。

例 6.5 某超市在 2013 年 8 月、9 月和 10 月销售甲、乙两种品牌的食用油，其销售总量（件）、单件价格（元）、单件利润（元）如表 6.3、表 6.4 所示。

表 6.3 单位：件

	甲	乙
2013 年 8 月	90	90
2013 年 9 月	100	90
2013 年 10 月	80	120

表 6.4 单位：元

	单件价格	单件利润
甲	120	20
乙	130	30

计算 2013 年 8 月、9 月和 10 月甲、乙两种品牌的食用油的销售总额和利润总额。

解：由销售总量、单件价格和单件利润容易得销售总额和利润总额如表 6.5 所示。

表 6.5 单位：元

	销售总额	利润总额
2013 年 8 月	90 × 120 + 90 × 130 = 22500	90 × 20 + 90 × 30 = 4500
2013 年 9 月	100 × 120 + 90 × 130 = 23700	100 × 20 + 90 × 30 = 4700
2013 年 10 月	80 × 120 + 120 × 130 = 25200	80 × 20 + 120 × 30 = 5200

将三个表格表示为矩阵，分别记为 A、B、C：

$$\mathrm{A}=\begin{pmatrix}90&90\\100&90\\80&120\end{pmatrix}\ \mathrm{B}=\begin{pmatrix}120&20\\130&30\end{pmatrix}\ \mathrm{C}=\begin{pmatrix}22500&4500\\23700&4700\\25200&5200\end{pmatrix}$$

事实上，C 矩阵就是 A、B 矩阵的乘积，C 矩阵的行数与 A 的行数相同，C 矩阵的列数与 B 的列数相同。C 矩阵中第一行的两个元素是 A 的第一行元素分别与 B 的第一列、第二列对应元素的乘积之和；C 矩阵中第二行的两个元素是 A 的第二行元素分别与 B 的第一列、第二列对应元素的乘积之和；C 矩阵中第三行的两个元素是 A 的第三行元素分别与 B 的第一列、第二列对应元素的乘积之和。一般地，可定义两矩阵的乘积如下：

定义 6.5 设矩阵 $A=(a_{ij})_{m\times s}$，$B=(b_{ij})_{s\times n}$，规定矩阵 A 与 B 的乘积为 $m\times n$ 的矩阵 $C=(c_{ij})_{m\times n}$，其中

$$c_{ij} = a_{i1}b_{1j} + a_{i2}b_{2j} + \cdots + a_{is}b_{sj} = \sum_{k=1}^{s} a_{ik}b_{kj} \quad (i=1,2,\cdots m; j=1,2,\cdots,n)$$

记作 $C = AB$。

需要注意的是，只有当矩阵 A 的列数等于矩阵 B 的行数时，AB 才有意义，并且乘积矩阵的行数和 A 相同，列数和 B 相同。

利用矩阵的乘法可以定义方阵的幂，设 A 为 n 阶方阵，k 为自然数，称

$$A^k = \underbrace{A\,A\cdots A}_{k\text{个}}$$

为 A 的 k 次幂。并且规定 $A^0 = E$。

容易证明：$A^mA^k = A^{m+k}$

$(A^m)^k = A^{mk}$

例 6.6 $A = \begin{pmatrix} 1 & -1 & 2 \\ 1 & 2 & 1 \end{pmatrix}, B = \begin{pmatrix} 1 & -1 \\ 3 & 2 \\ 4 & 3 \end{pmatrix}$，$E_2$ 和 E_3 分别为二阶、三阶单位矩阵，求 AB、AE_3 和 E_2A。

解：

$$AB = \begin{pmatrix} 1 & -1 & 2 \\ 1 & 2 & 1 \end{pmatrix}\begin{pmatrix} 1 & -1 \\ 3 & 2 \\ 4 & 3 \end{pmatrix} = \begin{pmatrix} 1\times1+(-1)\times3+2\times4 & 1\times(-1)+(-1)\times2+2\times3 \\ 1\times1+2\times3+1\times4 & 1\times(-1)+2\times2+1\times3 \end{pmatrix} = \begin{pmatrix} 6 & 3 \\ 11 & 6 \end{pmatrix}$$

$$AE_3 = \begin{pmatrix} 1 & -1 & 2 \\ 1 & 2 & 1 \end{pmatrix}\begin{pmatrix} 1 & 0 & 0 \\ 0 & 1 & 0 \\ 0 & 0 & 1 \end{pmatrix} = \begin{pmatrix} 1\times1-1\times0+2\times0 & 1\times0-1\times1+2\times0 & 1\times0-1\times0+2\times1 \\ 1\times1+2\times0+1\times0 & 1\times0+2\times1+1\times0 & 1\times0+2\times0+1\times1 \end{pmatrix}$$

$$= \begin{pmatrix} 1 & -1 & 2 \\ 1 & 2 & 1 \end{pmatrix} = A$$

$$E_2A = \begin{pmatrix} 1 & 0 \\ 0 & 1 \end{pmatrix}\begin{pmatrix} 1 & -1 & 2 \\ 1 & 2 & 1 \end{pmatrix} = \begin{pmatrix} 1\times1+0\times1 & 1\times(-1)+0\times2 & 1\times2+0\times1 \\ 0\times1+1\times1 & 0\times(-1)+1\times2 & 0\times2+1\times1 \end{pmatrix}$$

$$= \begin{pmatrix} 1 & -1 & 2 \\ 1 & 2 & 1 \end{pmatrix} = A$$

从此例结果可以看出，单位矩阵 E 左乘或者右乘矩阵 A，其结果仍为 A。

例 6.7 已知 $\alpha = \begin{pmatrix} 1 \\ 2 \\ 1 \end{pmatrix}$，$\beta = (2 \quad -1 \quad 0)$，求 $\alpha\beta$ 和 $\beta\alpha$。

解： $\alpha\beta = \begin{pmatrix} 1 \\ 2 \\ 1 \end{pmatrix}(2 \quad -1 \quad 0) = \begin{pmatrix} 2 & -1 & 0 \\ 4 & -2 & 0 \\ 2 & -1 & 0 \end{pmatrix}$

$\beta\alpha = (2 \quad -1 \quad 0)\begin{pmatrix} 1 \\ 2 \\ 1 \end{pmatrix} = (2\times1-1\times2+0\times1) = (0)$

例 6.8 已知 $A = \begin{pmatrix} 1 & -1 \\ 0 & 2 \end{pmatrix}$，求 A^3。

解： $A^2=\begin{pmatrix}1&-1\\0&2\end{pmatrix}\begin{pmatrix}1&-1\\0&2\end{pmatrix}=\begin{pmatrix}1\times1-1\times0&1\times(-1)-1\times2\\0\times1+2\times0&0\times(-1)+2\times2\end{pmatrix}=\begin{pmatrix}1&-3\\0&4\end{pmatrix}$

$A^3=\begin{pmatrix}1&-3\\0&4\end{pmatrix}\begin{pmatrix}1&-1\\0&2\end{pmatrix}=\begin{pmatrix}1\times1-3\times0&1\times(-1)-3\times2\\0\times1+4\times0&0\times(-1)+4\times2\end{pmatrix}=\begin{pmatrix}1&-7\\0&8\end{pmatrix}$

例 6.9 将线性方程组$\begin{cases}x_1-2x_2-3x_3=2\\x_1-4x_2-13x_3=1\\-3x_1+5x_2+4x_3=2\end{cases}$表示成矩阵形式。

解： 令 $A=\begin{pmatrix}1&-2&-3\\1&-4&-13\\-3&5&4\end{pmatrix}$，$X=\begin{pmatrix}x_1\\x_2\\x_3\end{pmatrix}$，$\beta=\begin{pmatrix}2\\1\\2\end{pmatrix}$

则方程组可表示为 $AX=\beta$。

一般地，由 n 个未知量，m 个线性方程构成的方程组

$$\begin{cases}a_{11}x_1+a_{12}x_2+\cdots+a_{1n}x_n=b_1\\a_{21}x_1+a_{22}x_2+\cdots+a_{2n}x_n=b_2\\\cdots\quad\cdots\quad\cdots\\a_{m1}x_1+a_{m2}x_2+\cdots+a_{mn}x_n=b_m\end{cases}$$

都可以写成**矩阵形式 $\boldsymbol{AX=\beta}$**，这里

$$A=\begin{pmatrix}a_{11}&a_{12}&\cdots&a_{1n}\\a_{21}&a_{22}&\cdots&a_{2n}\\\vdots&\vdots&&\vdots\\a_{m1}&a_{m2}&\cdots&a_{mn}\end{pmatrix},\ X=\begin{pmatrix}x_1\\x_2\\\vdots\\x_n\end{pmatrix},\ \beta=\begin{pmatrix}b_1\\b_2\\\vdots\\b_m\end{pmatrix}$$

由矩阵乘法的定义可以验证，矩阵乘法具有如下的几条性质：

①$(AB)C=A(BC)$

②$A(B+C)=AB+AC,(B+C)A=BA+CA$

③$k(AB)=(kA)B=A(kB)$

④A 为 $m\times n$ 的矩阵，则 $AE_n=E_mA=A$。

值得注意的是，数的运算中某些运算规律对于矩阵的乘法运算是不能成立的，例如：

①矩阵乘法不满足交换律，即 $AB\neq BA$。

例如 $A=(1\quad 1)$，$B=\begin{pmatrix}1\\2\end{pmatrix}$，则 $AB=(3)$，$BA=\begin{pmatrix}1&1\\2&2\end{pmatrix}$，$AB\neq BA$。

②当 $AB=0$ 时，不一定能得出 $A=0$，或 $B=0$。

例如 $A=\begin{pmatrix}1&1\\-1&-1\end{pmatrix}$，$B=\begin{pmatrix}1&-1\\-1&1\end{pmatrix}$，$AB=\begin{pmatrix}0&0\\0&0\end{pmatrix}$，但是 $A\neq0,B\neq0$。

③当 $A^k=0$ 时，不一定有 $A=0$。

例如 $A=\begin{pmatrix}0&1\\0&0\end{pmatrix}$，$A^2=AA=\begin{pmatrix}0&0\\0&0\end{pmatrix}$，但 A 不是零矩阵。

6.1.5 矩阵的转置

定义 6.6 将 $m\times n$ 矩阵 $A=(a_{ij})_{m\times n}$的行与列互换所得到的 $n\times m$ 矩阵，称为 A 的转置

矩阵，记作 A^T。即如果$A=\begin{pmatrix} a_{11} & a_{12} & \cdots & a_{1n} \\ a_{21} & a_{22} & \cdots & a_{2n} \\ \vdots & \vdots & & \vdots \\ a_{m1} & a_{m2} & \cdots & a_{mn} \end{pmatrix}$，则

$$A^T=\begin{pmatrix} a_{11} & a_{21} & \cdots & a_{m1} \\ a_{12} & a_{22} & \cdots & a_{m2} \\ \vdots & \vdots & & \vdots \\ a_{1n} & a_{2n} & \cdots & a_{mn} \end{pmatrix}$$

容易证明，矩阵的转置满足以下性质：

①$(A^T)^T=A$

②$(A+B)^T=A^T+B^T$

③$(kA)^T=kA^T$

④$(AB)^T=B^TA^T$,一般地,$(A_1A_2\cdots A_n)^T=A_n^T\cdots A_2^TA_1^T$。

例 6.10 已知 $A=\begin{pmatrix} 5 & -2 & 1 \\ 3 & 4 & -1 \end{pmatrix}$,$B=\begin{pmatrix} -3 & 2 & 0 \\ -2 & 0 & 1 \end{pmatrix}$，求 $B(2A)^T$。

解：

$$B(2A)^T=2BA^T=2\begin{pmatrix} -3 & 2 & 0 \\ -2 & 0 & 1 \end{pmatrix}\begin{pmatrix} 5 & 3 \\ -2 & 4 \\ 1 & -1 \end{pmatrix}=2\begin{pmatrix} -19 & -1 \\ -9 & -7 \end{pmatrix}=\begin{pmatrix} -38 & -2 \\ -18 & -14 \end{pmatrix}$$

例 6.11 设 α 为 n 维列向量，E 为 n 阶单位矩阵，$A=E-2\alpha\alpha^T$，证明：$A^T=A$

证明：由矩阵转置的性质，知

$A^T=(E-2\alpha\alpha^T)^T=E^T-2(\alpha\alpha^T)^T=E-2(\alpha^T)^T\alpha^T=E-2\alpha\alpha^T=A$

§6.2 几种特殊的矩阵

6.2.1 对角矩阵

定义 6.7 非主对角线元素全为零的 n 阶矩阵称为 n 阶对角矩阵。

例如$\begin{pmatrix} 3 & 0 & 0 \\ 0 & 1 & 0 \\ 0 & 0 & 2 \end{pmatrix}$是一个三阶对角阵。一般地，$n$ 阶对角矩阵简记为：

$$\begin{pmatrix} a_{11} & & & \\ & a_{22} & & \\ & & \ddots & \\ & & & a_{nn} \end{pmatrix}$$

容易证明，对角矩阵具有以下性质：

①两个同阶对角矩阵的和（或差）仍是对角矩阵，即

$$\begin{pmatrix} a_{11} & & & \\ & a_{22} & & \\ & & \ddots & \\ & & & a_{nn} \end{pmatrix} \pm \begin{pmatrix} b_{11} & & & \\ & b_{22} & & \\ & & \ddots & \\ & & & b_{nn} \end{pmatrix} = \begin{pmatrix} a_{11} \pm b_{11} & & & \\ & a_{22} \pm b_{22} & & \\ & & \ddots & \\ & & & a_{nn} \pm b_{nn} \end{pmatrix}$$

②数 k 与对角矩阵的乘积仍是对角矩阵，即

$$k\begin{pmatrix} a_{11} & & & \\ & a_{22} & & \\ & & \ddots & \\ & & & a_{nn} \end{pmatrix} = \begin{pmatrix} ka_{11} & & & \\ & ka_{22} & & \\ & & \ddots & \\ & & & ka_{nn} \end{pmatrix}$$

③两个同阶对角矩阵的乘积仍是对角矩阵，并且它们还可以交换。设

$$A = \begin{pmatrix} a_{11} & & & \\ & a_{22} & & \\ & & \ddots & \\ & & & a_{nn} \end{pmatrix}, B = \begin{pmatrix} b_{11} & & & \\ & b_{22} & & \\ & & \ddots & \\ & & & b_{nn} \end{pmatrix}$$

$$AB = BA = \begin{pmatrix} a_{11}b_{11} & & & \\ & a_{22}b_{22} & & \\ & & \ddots & \\ & & & a_{nn}b_{nn} \end{pmatrix}$$

6.2.2 数量矩阵

定义 6.8 若 n 阶对角矩阵的所有主对角线上的元素都相等，即 $a_{11} = a_{22} = \cdots = a_{nn} = a$，则称此矩阵为 n 阶数量矩阵。

记数量矩阵为 $A = \begin{pmatrix} a & & & \\ & a & & \\ & & \ddots & \\ & & & a \end{pmatrix} = aE_n$

显然，当 $a=1$ 时，数量矩阵 aE 就是 n 阶单位矩阵 E。

对任一矩阵 $B_{m\times n}$，有

$$(aE_m)B = a(E_mB) = aB$$

$$B(aE_n) = a(BE_n) = aB$$

也就是说，用数量矩阵 aE 左乘或者右乘一个矩阵 $B_{m\times n}$，相当于用数 a 去乘矩阵 $B_{m\times n}$。

6.2.3 三角矩阵

定义 6.9 若 n 阶矩阵主对角线下方元素都等于零，则称此矩阵为上三角形矩阵。

例如，$\begin{pmatrix} 1 & -1 & 0 \\ 0 & 2 & 1 \\ 0 & 0 & 1 \end{pmatrix}$是一个三阶上三角矩阵。一般地，$n$ 阶上三角矩阵简记为

$$\begin{pmatrix} a_{11} & a_{12} & \cdots & a_{1n} \\ & a_{22} & \cdots & a_{2n} \\ & & \ddots & \vdots \\ & & & a_{nn} \end{pmatrix}$$

定义 6.10　若 n 阶矩阵主对角线上方元素都等于零，则称此矩阵为下三角形矩阵。例如，$\begin{pmatrix} -2 & 0 & 0 \\ 1 & 1 & 0 \\ 2 & 0 & 1 \end{pmatrix}$是一个三阶下三角矩阵。一般地，$n$ 阶下三角矩阵简记为

$$\begin{pmatrix} b_{11} & & & \\ b_{21} & b_{22} & & \\ \vdots & & \ddots & \\ b_{n1} & b_{n2} & \cdots & b_{nn} \end{pmatrix}$$

若 A、B 为同阶上（下）三角形矩阵，易验证 kA、$A+B$、AB 仍为上（下）三角形矩阵。

例如，
$$A=\begin{pmatrix} 1 & -1 & 1 \\ 0 & 2 & 1 \\ 0 & 0 & 1 \end{pmatrix} \quad B=\begin{pmatrix} 1 & 2 & 1 \\ 0 & -1 & 2 \\ 0 & 0 & 1 \end{pmatrix}$$

则
$$A+B=\begin{pmatrix} 2 & 1 & 2 \\ 0 & 1 & 3 \\ 0 & 0 & 2 \end{pmatrix}$$

$$AB=\begin{pmatrix} 1 & 3 & 0 \\ 0 & -2 & 5 \\ 0 & 0 & 1 \end{pmatrix}$$

6.2.4　对称矩阵与反对称矩阵

定义 6.11　如果 n 阶矩阵 $A=(a_{ij})_{n\times n}$满足 $A^T=A$，即 $a_{ij}=a_{ji}$（i，$j=1$，2，…，n），则称 A 为对称矩阵。

例如 $\begin{pmatrix} 1 & 2 \\ 2 & 2 \end{pmatrix}$、$\begin{pmatrix} 1 & 1 & 3 \\ 1 & 2 & -1 \\ 3 & -1 & 3 \end{pmatrix}$均为对称矩阵，矩阵中关于主对角线对称位置的元素相等。

对称矩阵具有以下性质：

①两个同阶对称矩阵的和（差）仍是对称矩阵；

②数 k 与对称矩阵的乘积仍是对称矩阵。

证明：设 A,B 为对称矩阵，则 $A^T=A$，$B^T=B$，则

$(A+B)^T=A^T+B^T=A+B$

$(kA)^T=kA^T=kA$

所以 $A+B$、kA 为对称矩阵。

值得注意的是，两个同阶对称矩阵的乘积不一定是对称矩阵。例如，$\begin{pmatrix} 0 & -3 \\ -3 & 1 \end{pmatrix}$及$\begin{pmatrix} 1 & -1 \\ -1 & 1 \end{pmatrix}$均为对称矩阵，但是

$$\begin{pmatrix} 0 & -3 \\ -3 & 1 \end{pmatrix}\begin{pmatrix} 1 & -1 \\ -1 & 1 \end{pmatrix} = \begin{pmatrix} 3 & -3 \\ -4 & 4 \end{pmatrix}$$

不是对称矩阵。

定义 6.12 如果 n 阶矩阵 $A=(a_{ij})_{n\times n}$满足 $A^T=-A$，即 $a_{ij}=-a_{ji}(i,j=1,2,\cdots,n)$，则称 A 为反对称矩阵。

例如$\begin{pmatrix} 0 & 1 & -2 \\ -1 & 0 & 3 \\ 2 & -3 & 0 \end{pmatrix}$是一个反对称矩阵。

由于反对称矩阵要满足 $a_{ii}=-a_{ii}$，故 $a_{ii}=0$（$i=1,2,\cdots,n$），也就是说反对称矩阵主对角线上的元素一定为零。

反对称矩阵具有以下性质：

①两个同阶反对称矩阵的和（差）仍是反对称矩阵；

②数 k 与反对称矩阵的乘积仍是反对称矩阵。

但应注意，两个同阶反对称矩阵的乘积不一定是反对称矩阵。

例 6.12 设 A,B 是两个同阶对称矩阵，则 AB 仍然是对称矩阵的充分必要条件是矩阵 A 与 B 可交换，即 $AB=BA$。

证明：因为 A 与 B 均是 n 阶对称矩阵，则 $A^T=A,B^T=B$

若 $AB=BA$，则有$(AB)^T=B^TA^T=BA=AB$，所以 AB 是对称的。

反之，如果 AB 是对称矩阵，即$(AB)^T=AB$，则有 $AB=(AB)^T=B^TA^T=BA$，即 A 与 B 可交换。

§6.3 方阵的逆矩阵

6.3.1 逆矩阵的概念

定义 6.13 对于 n 阶方阵 A，如果存在 n 阶方阵 B，使得 $AB=BA=E$，则 B 为 A 的逆矩阵，记作 A^{-1}，称矩阵 A 为可逆矩阵。

例如，$A=\begin{pmatrix} 1 & 1 \\ 0 & 1 \end{pmatrix},B=\begin{pmatrix} 1 & -1 \\ 0 & 1 \end{pmatrix}$，则 $AB=BA=E$，B 为 A 的逆矩阵。又如 $EE=E$，所以 E 的逆矩阵是它本身，即 $E^{-1}=E$。

由定义，容易推得：

①若 A 是可逆矩阵，则 A 的逆矩阵是惟一的。

证明：假设 B、C 都是 A 的逆矩阵，则

$AB=BA=E$， $AC=CA=E$

则 $B=EB=(CA)B=C(AB)=CE=C$，所以 A 的逆矩阵是惟一的。

②若 A 是 B 的逆矩阵，则 B 也是 A 的逆矩阵。

下面将进一步讨论矩阵可逆的条件。

定理 6.1 设 $A=\begin{pmatrix} a & b \\ c & d \end{pmatrix}$，若 $ad-bc\neq 0$，则 A 可逆，且

$$A^{-1}=\frac{1}{ad-bc}\begin{pmatrix} d & -b \\ -c & a \end{pmatrix}$$

证明：$\begin{pmatrix} a & b \\ c & d \end{pmatrix}\frac{1}{ad-bc}\begin{pmatrix} d & -b \\ -c & a \end{pmatrix}=\frac{1}{ad-bc}\begin{pmatrix} ad-bc & 0 \\ 0 & ad-bc \end{pmatrix}=E$

$\frac{1}{ad-bc}\begin{pmatrix} d & -b \\ -c & a \end{pmatrix}\begin{pmatrix} a & b \\ c & d \end{pmatrix}=\frac{1}{ad-bc}\begin{pmatrix} ad-bc & 0 \\ 0 & ad-bc \end{pmatrix}=E$

所以，$A^{-1}=\frac{1}{ad-bc}\begin{pmatrix} d & -b \\ -c & a \end{pmatrix}$

这里 $ad-bc$ 称为二阶矩阵 A 的**行列式**，记作 $\det A=ad-bc$。事实上，可以证明，行列式不等于零是矩阵 A 可逆的充要条件。

例 6.13 求 $A=\begin{pmatrix} 1 & 3 \\ 4 & 2 \end{pmatrix}$ 的逆矩阵。

解：因为 $\det A=1\times 2-3\times 4=-10\neq 0$

所以 A 可逆，根据公式，$A^{-1}=\frac{1}{-10}\begin{pmatrix} 2 & -3 \\ -4 & 1 \end{pmatrix}=\begin{pmatrix} -1/5 & 3/10 \\ 2/5 & -1/10 \end{pmatrix}$

例 6.14 试证：对角矩阵 $\begin{pmatrix} a_{11} & & & \\ & a_{22} & & \\ & & \ddots & \\ & & & a_{nn} \end{pmatrix}$ 在 $a_{ii}\neq 0(i=1,2,\cdots,n)$ 时可逆，且

$$\begin{pmatrix} a_{11} & & & \\ & a_{22} & & \\ & & \ddots & \\ & & & a_{nn} \end{pmatrix}^{-1}=\begin{pmatrix} 1/a_{11} & & & \\ & 1/a_{22} & & \\ & & \ddots & \\ & & & 1/a_{nn} \end{pmatrix}$$

证明：由对角矩阵的性质知：

$$\begin{pmatrix} a_{11} & & & \\ & a_{22} & & \\ & & \ddots & \\ & & & a_{nn} \end{pmatrix}\begin{pmatrix} 1/a_{11} & & & \\ & 1/a_{22} & & \\ & & \ddots & \\ & & & 1/a_{nn} \end{pmatrix}$$

$$=\begin{pmatrix} 1/a_{11} & & & \\ & 1/a_{22} & & \\ & & \ddots & \\ & & & 1/a_{nn} \end{pmatrix}\begin{pmatrix} a_{11} & & & \\ & a_{22} & & \\ & & \ddots & \\ & & & a_{nn} \end{pmatrix}=E$$

所以 $\begin{pmatrix} a_{11} & & & \\ & a_{22} & & \\ & & \ddots & \\ & & & a_{nn} \end{pmatrix}^{-1} = \begin{pmatrix} 1/a_{11} & & & \\ & 1/a_{22} & & \\ & & \ddots & \\ & & & 1/a_{nn} \end{pmatrix}$

可逆矩阵具有以下性质：

①若 A 可逆，则 A^{-1}亦可逆，且$(A^{-1})^{-1}=A$

证明：因为 $A^{-1}A=AA^{-1}=E$，所以$(A^{-1})^{-1}=A$

②若 A 可逆，数 $k\neq 0$，则 kA 可逆，且$(kA)^{-1}=\frac{1}{k}A^{-1}$

证明：因为 $kA\cdot\frac{1}{k}A^{-1}=E$,所以$(kA)^{-1}=\frac{1}{k}A^{-1}$

③若 A,B 为同阶方阵且均可逆,则 AB 亦可逆,且$(AB)^{-1}=B^{-1}A^{-1}$

证明：因为 $(AB)(B^{-1}A^{-1})=A(BB^{-1})A^{-1}=AEA^{-1}=AA^{-1}=E$

一般地，多个可逆矩阵的乘积仍然可逆，且$(A_1A_2\cdots A_s)^{-1}=A_s^{-1}\cdots A_2^{-1}A_1^{-1}$

④若 A 可逆，则 A^T 亦可逆，且$(A^T)^{-1}=(A^{-1})^T$

证明：因为 $A^T(A^{-1})^T=(A^{-1}A)^T=E^T=E$，所以 A^T 可逆，并且$(A^T)^{-1}=(A^{-1})^T$

例 6.15　已知 $A=\begin{pmatrix}1&2\\1&3\end{pmatrix}$,$B=\begin{pmatrix}2&1\\0&1\end{pmatrix}$，求$\left(\frac{1}{2}A\right)^{-1}(B^{-1})^T$。

解：$\left(\frac{1}{2}A\right)^{-1}(B^{-1})^T=2A^{-1}(B^T)^{-1}=2(B^TA)^{-1}$

$B^TA=\begin{pmatrix}2&0\\1&1\end{pmatrix}\begin{pmatrix}1&2\\1&3\end{pmatrix}=\begin{pmatrix}2&4\\2&5\end{pmatrix}$

所以，$\left(\frac{1}{2}A\right)^{-1}(B^{-1})^T=2(B^TA)^{-1}=2\begin{pmatrix}2&4\\2&5\end{pmatrix}^{-1}=2\cdot\frac{1}{2}\begin{pmatrix}5&-4\\-2&2\end{pmatrix}=\begin{pmatrix}5&-4\\-2&2\end{pmatrix}$

6.3.2　用初等变换求矩阵的逆

上面定理 6.1 给出了二阶矩阵可逆的条件以及求其逆矩阵方法，下面我们将更进一步讨论如何判断 n 阶矩阵 A 是否可逆，以及如何求其逆矩阵的问题。为直观起见，我们首先考虑 $n=3$ 的情形，设

$$A=\begin{pmatrix}1&1&1\\1&1&2\\1&2&1\end{pmatrix}$$

求 A 的逆矩阵，即要找一个与 A 同阶的矩阵

$$B=\begin{pmatrix}x_{11}&x_{12}&x_{13}\\x_{21}&x_{22}&x_{23}\\x_{31}&x_{32}&x_{33}\end{pmatrix}$$

使得 $AB=E$，即

$$\begin{pmatrix}1&1&1\\1&1&2\\1&2&1\end{pmatrix}\begin{pmatrix}x_{11}&x_{12}&x_{13}\\x_{21}&x_{22}&x_{23}\\x_{31}&x_{32}&x_{33}\end{pmatrix}=\begin{pmatrix}1&0&0\\0&1&0\\0&0&1\end{pmatrix}$$

此式可分解为三个线性方程组：

$$\begin{pmatrix}1&1&1\\1&1&2\\1&2&1\end{pmatrix}\begin{pmatrix}x_{11}\\x_{21}\\x_{31}\end{pmatrix}=\begin{pmatrix}1\\0\\0\end{pmatrix},\quad\begin{pmatrix}1&1&1\\1&1&2\\1&2&1\end{pmatrix}\begin{pmatrix}x_{12}\\x_{22}\\x_{32}\end{pmatrix}=\begin{pmatrix}0\\1\\0\end{pmatrix},\quad\begin{pmatrix}1&1&1\\1&1&2\\1&2&1\end{pmatrix}\begin{pmatrix}x_{13}\\x_{23}\\x_{33}\end{pmatrix}=\begin{pmatrix}0\\0\\1\end{pmatrix}$$

通过解三个线性方程组，可以求矩阵 B。三个线性方程组对应的增广矩阵分别为

$$\begin{pmatrix}1&1&1&\vdots&1\\1&1&2&\vdots&0\\1&2&1&\vdots&0\end{pmatrix}\quad\begin{pmatrix}1&1&1&\vdots&0\\1&1&2&\vdots&1\\1&2&1&\vdots&0\end{pmatrix}\quad\begin{pmatrix}1&1&1&\vdots&0\\1&1&2&\vdots&0\\1&2&1&\vdots&1\end{pmatrix}$$

通过行初等变换，可化为最简阶梯形

$$\begin{pmatrix}1&0&0&\vdots&3\\0&1&0&\vdots&-1\\0&0&1&\vdots&-1\end{pmatrix}\quad\begin{pmatrix}1&0&0&\vdots&-1\\0&1&0&\vdots&0\\0&0&1&\vdots&1\end{pmatrix}\quad\begin{pmatrix}1&0&0&\vdots&-1\\0&1&0&\vdots&1\\0&0&1&\vdots&0\end{pmatrix}$$

所以方程组的解为

$$\begin{cases}x_{11}=3\\x_{21}=-1\\x_{31}=-1\end{cases}\quad\begin{cases}x_{12}=-1\\x_{22}=0\\x_{32}=1\end{cases}\quad\begin{cases}x_{13}=-1\\x_{23}=1\\x_{33}=0\end{cases}$$

因此，求得

$$B=\begin{pmatrix}3&-1&-1\\-1&0&1\\-1&1&0\end{pmatrix}$$

可以证明矩阵 B 也满足 $BA=E$，所以 $B=A^{-1}$。

从上述过程可以看出，三阶矩阵 A 的逆矩阵若存在，则相应的线性方程组应有惟一解。更一般地，我们可以证明如下 n 阶矩阵 A 可逆的充要条件：

定理 6.2　n 阶矩阵 A 可逆的充要条件是 A 经过行初等变换可变为 n 阶单位矩阵 E。

证明：必要性：若 A 可逆，则 $AA^{-1}=E$

将 A^{-1} 的各列记做 $X_1,X_2,\cdots,X_n$，E 的各列记做 $e_1,e_2,\cdots,e_n$，则由矩阵乘法的定义可得 $AX_1=e_1,AX_2=e_2,\cdots,AX_n=e_n$。因为 A 的逆矩阵是存在且惟一的，所以 X_i 是线性方程组 $AX=e_i(i=1,2,\cdots,n)$ 的惟一解。因此线性方程组 $AX=e_i(i=1,2,\cdots,n)$ 的系数矩阵 A 经过行初等变换后其最简阶梯形应为 n 阶单位矩阵 E。

充分性的证明略。

推论　n 阶矩阵 A 可逆的充要条件是 A 经过行初等变换化为阶梯形矩阵时非零行的行数为 n。

例 6.16　判断下列矩阵是否可逆：

①$\begin{pmatrix}1&1\\0&2\end{pmatrix}$　②$\begin{pmatrix}1&1\\2&2\end{pmatrix}$　③$\begin{pmatrix}1&0&1\\1&1&2\\1&1&-1\end{pmatrix}$

解：①$\begin{pmatrix}1&1\\0&2\end{pmatrix}\xrightarrow{\frac{1}{2}r_2}\begin{pmatrix}1&1\\0&1\end{pmatrix}\xrightarrow{r_1-r_2}\begin{pmatrix}1&0\\0&1\end{pmatrix}=E$

矩阵用行初等变换可能变成单位矩阵 E，所以该矩阵可逆，这一点利用定理 6.1 中矩阵的行列式 $ad-bc=1\times 2+1\times 0\neq 0$ 也可证明。

② $\begin{pmatrix}1&1\\2&2\end{pmatrix}\xrightarrow{r_2-2r_1}\begin{pmatrix}1&1\\0&0\end{pmatrix}$

矩阵通过行初等变换不能变为单位阵，所以该矩阵不可逆。

③ $\begin{pmatrix}1&0&1\\1&1&2\\1&1&1\end{pmatrix}\xrightarrow[r_3-r_1]{r_2-r_1}\begin{pmatrix}1&0&1\\0&1&1\\0&1&0\end{pmatrix}\xrightarrow{(r_2,r_3)}\begin{pmatrix}1&0&1\\0&1&0\\0&1&1\end{pmatrix}\xrightarrow{r_3-r_2}\begin{pmatrix}1&0&1\\0&1&0\\0&0&1\end{pmatrix}\xrightarrow{r_1-r_3}\begin{pmatrix}1&0&0\\0&1&0\\0&0&1\end{pmatrix}=E$

矩阵通过行初等变换能变成单位阵，所以该矩阵可逆。

从本节开头的例子和定理 6.2 的证明我们可以归纳出求逆矩阵的方法。定理 6.2 的证明中指出，A^{-1}的各列 $x_1,x_2,\cdots,x_n$ 是线性方程组

$$\begin{cases}Ax=e_1\\Ax=e_2\\\vdots\\Ax=e_n\end{cases}$$

的惟一解。因此，求 A^{-1}可以转化为求解这 n 个线性方程组。这 n 个线性方程组的系数矩阵相同，可将其对应的增广矩阵$(A\vdots e_1),(A\vdots e_2),\cdots,(A\vdots e_n)$ 合写为

$$(A\vdots e_1\quad e_2\cdots e_n)=(A\vdots E)$$

解方程组时，通过对$(A\vdots E)$进行行初等变换，使 A 化为单位阵 E，则同时 E 就化为 A^{-1}，即

$$(A\vdots E)\longrightarrow(E\vdots A^{-1})$$

不管矩阵 A 是否可逆，我们都可以按上述方法，对矩阵$(A\vdots E)$施以若干次行初等变换。如果在变换过程中，矩阵的左边子块出现全为零的行，则矩阵 A 不可逆。

例 6.17 求矩阵 $A=\begin{pmatrix}1&0&1\\2&1&0\\1&2&-1\end{pmatrix}$的逆矩阵。

解：构造 3×6 阶矩阵为$(A\vdots E)$，

$$(A\vdots E)=\begin{pmatrix}1&0&1&\vdots&1&0&0\\2&1&0&\vdots&0&1&0\\1&2&-1&\vdots&0&0&1\end{pmatrix}\xrightarrow[r_3+(-1)r_1]{r_2+(-2)r_1}\begin{pmatrix}1&0&1&\vdots&1&0&0\\0&1&-2&\vdots&-2&1&0\\0&2&-2&\vdots&-1&0&1\end{pmatrix}$$

$$\xrightarrow{r_3+(-2)r_2}\begin{pmatrix}1&0&1&\vdots&1&0&0\\0&1&-2&\vdots&-2&1&0\\0&0&2&\vdots&3&-2&1\end{pmatrix}\xrightarrow[r_1+(-\frac{1}{2})r_3]{r_2+r_3}\begin{pmatrix}1&0&0&\vdots&-\frac{1}{2}&1&-\frac{1}{2}\\0&1&0&\vdots&1&-1&1\\0&0&2&\vdots&3&-2&1\end{pmatrix}$$

$$\xrightarrow{\frac{1}{2}r_3}\begin{pmatrix}1&0&0&\vdots&-\frac{1}{2}&1&-\frac{1}{2}\\0&1&0&\vdots&1&-1&1\\0&0&1&\vdots&\frac{3}{2}&-1&\frac{1}{2}\end{pmatrix}=(E\vdots A^{-1})$$

$$A^{-1}=\begin{pmatrix}-\frac{1}{2} & 1 & -\frac{1}{2}\\ 1 & -1 & 1\\ \frac{3}{2} & -1 & \frac{1}{2}\end{pmatrix}$$

6.3.3 利用矩阵的逆求解矩阵方程

含有未知矩阵 X 的方程称为矩阵方程。实际应用中，常用到形如 $A_{n\times n}X_{n\times m}=B_{n\times m}$ 的矩阵方程，特别地，当 $m=1$ 时，$A_{n\times n}X_{n\times 1}=B_{n\times 1}$ 即为线性方程组的矩阵形式。关于此类方程的解有如下结论：

定理 6.3 若 A 为 n 阶可逆矩阵，则矩阵方程

$$A_{n\times n}X_{n\times m}=B_{n\times m}$$

有惟一解 $X=A^{-1}B$。

证明： 将 $X=A^{-1}B$ 代入方程，得 $AX=A(A^{-1}B)=(AA^{-1})B=B$

所以 $X=A^{-1}B$ 是方程 $AX=B$ 的解。

现在证惟一性：假设方程还有解 X_1，则 $AX_1=B$

而 $X_1=EX_1=(A^{-1}A)X_1=A^{-1}(AX_1)=A^{-1}B$

这说明 $A^{-1}B$ 是方程的惟一解。

例 6.18 求解线性方程组 $\begin{cases}x_1+2x_2=1\\ 2x_1+3x_2=3\end{cases}$

解： 记 $A=\begin{pmatrix}1 & 2\\ 2 & 3\end{pmatrix}$， $X=\begin{pmatrix}x_1\\ x_2\end{pmatrix}$， $\beta=\begin{pmatrix}1\\ 3\end{pmatrix}$

A 可逆，且 $A^{-1}=-\begin{pmatrix}3 & -2\\ -2 & 1\end{pmatrix}=\begin{pmatrix}-3 & 2\\ 2 & -1\end{pmatrix}$

所以方程组有惟一解 $X=A^{-1}\beta=\begin{pmatrix}-3 & 2\\ 2 & -1\end{pmatrix}\begin{pmatrix}1\\ 3\end{pmatrix}=\begin{pmatrix}3\\ -1\end{pmatrix}$，即 $\begin{cases}x_1=3\\ x_2=-1\end{cases}$

例 6.19 解矩阵方程 $\begin{pmatrix}3 & 5\\ 1 & 2\end{pmatrix}X=\begin{pmatrix}4 & -1 & 2\\ 3 & 0 & -1\end{pmatrix}$。

解： $\begin{pmatrix}3 & 5\\ 1 & 2\end{pmatrix}^{-1}=\begin{pmatrix}2 & -5\\ -1 & 3\end{pmatrix}$

所以 $X=\begin{pmatrix}3 & 5\\ 1 & 2\end{pmatrix}^{-1}\begin{pmatrix}4 & -1 & 2\\ 3 & 0 & -1\end{pmatrix}=\begin{pmatrix}2 & -5\\ -1 & 3\end{pmatrix}\begin{pmatrix}4 & -1 & 2\\ 3 & 0 & -1\end{pmatrix}=\begin{pmatrix}-7 & -2 & 9\\ 5 & 1 & -5\end{pmatrix}$

习 题 六

1. 设 $A=\begin{pmatrix}2 & -1 & 0\\ 1 & 0 & 2\end{pmatrix}$，$B=\begin{pmatrix}1 & -1 & 3\\ 1 & 4 & 1\end{pmatrix}$，求(1) $2A+B$　(2) $A-2B$

2. 已知 $A=\begin{pmatrix}1 & -1 & 0\\4 & 0 & 2\end{pmatrix}$，$B=\begin{pmatrix}2 & -1 & 3\\1 & 2 & 1\end{pmatrix}$，$3A-2X=B$，求矩阵 X。

3. 计算下列矩阵的乘积：

(1) $\begin{pmatrix}1 & -1 & 4\\3 & 1 & 0\end{pmatrix}\begin{pmatrix}1 & 0\\1 & 2\\-3 & 1\end{pmatrix}$　(2) $(1\ \ 3\ \ -1)\begin{pmatrix}1\\2\\3\end{pmatrix}$　(3) $\begin{pmatrix}1\\2\\3\end{pmatrix}(1\ \ 3\ \ -1)$

(4) $\begin{pmatrix}a_1 & & \\ & a_2 & \\ & & a_3\end{pmatrix}\begin{pmatrix}b_1 & & \\ & b_2 & \\ & & b_3\end{pmatrix}$　(5) $(1\ \ -1\ \ 2)\begin{pmatrix}-1 & 2 & 0\\0 & 1 & 1\\3 & 0 & -1\end{pmatrix}\begin{pmatrix}2\\-1\\-2\end{pmatrix}$

4. 设矩阵 $A=\begin{pmatrix}1 & 0\\1 & 1\end{pmatrix}$，求所有满足 $AX=XA$ 的矩阵。

5. 计算：

(1) $\begin{pmatrix}1 & 1\\-1 & -1\end{pmatrix}^3$　(2) $\begin{pmatrix}1 & 1\\0 & 1\end{pmatrix}^3$　(3) $\begin{pmatrix}a_1 & 0 & 0\\0 & a_2 & 0\\0 & 0 & a_3\end{pmatrix}^n$

6. A、B 为 n 阶方阵，下列公式是否成立：

(1) $(A-B)(A+B)=A^2-B^2$

(2) $(A+B)^2=A^2+2AB+B^2$

7. A 为 n 阶实矩阵，且 $AA^T=O$，试证明 $A=O$。

8. 利用初等变换法求下列矩阵的逆矩阵：

(1) $\begin{pmatrix}2 & -4 & 1\\1 & -5 & 2\\1 & -1 & 1\end{pmatrix}$　(2) $\begin{pmatrix}1 & 0 & 0\\3 & 2 & 0\\5 & 4 & 3\end{pmatrix}$

9. 解下列矩阵方程：

(1) $\begin{pmatrix}3 & 5\\1 & 2\end{pmatrix}X=\begin{pmatrix}4 & -1 & 2\\3 & 0 & -1\end{pmatrix}$

(2) $X\begin{pmatrix}2 & 1 & -1\\2 & 1 & 0\\1 & -1 & 1\end{pmatrix}=\begin{pmatrix}1 & -1 & 3\\4 & 3 & 2\end{pmatrix}$

(3) $\begin{pmatrix}2 & 1\\-2 & 3\end{pmatrix}X\begin{pmatrix}-2 & -1\\1 & 1\end{pmatrix}=\begin{pmatrix}-2 & 3\\-6 & 1\end{pmatrix}$

附：　矩阵概念发展简史

矩阵的概念在19世纪逐渐形成。1801年德国数学家高斯（F. Gauss，1777～1855）把一个线性变换的全部系数作为一个整体。1844年，德国数学家爱森斯坦（F. Eissenstein，1823～1852）讨论了“变换”（矩阵）及其乘积。1850年，英国数学家西尔维斯特（James Joseph Sylvester，1814～1897）首先使用矩阵一词。

1858年，英国数学家凯莱（A. Gayley，1821～1895）发表了《关于矩阵理论的研究报告》。他将矩阵作为一个独立的数学对象加以研究，并以矩阵为主题发表了一系列文章，因而他被认为是矩阵论的创立者。他给出了目前线性代数中通用的一系列定义，如两矩阵相等、零矩阵、单位矩阵、两矩阵的和、一个数与一个矩阵的数量积、两个矩阵的乘积、矩阵的逆、转置矩阵等。并且凯莱还注意到矩阵的乘法是可行的，但一般不可交换，$m\times n$ 矩阵只能左乘 $n\times s$ 矩阵。

第三部分

概率论初步

概率论是研究随机现象的数学。随机现象是指在同一环境下会产生不同结果的现象，例如掷骰子、扔硬币、抽扑克牌以及轮盘赌游戏等。尽管随机现象在每次观察之前无法确定会出现哪个结果，但是如果进行大量的重复观察，我们会发现其有规律可循。如抛掷硬币的问题，如果硬币均匀并且投掷的次数很多，正面出现的次数大约为投掷次数的一半。我们将随机现象在大量重复观察中所呈现的这种规律称为随机现象的**统计规律性**。概率论是以随机现象为研究对象，以随机现象的统计规律为研究内容的一个数学分支。

概率论最初起源于对赌博问题的研究，但随着人类的社会实践，人们需要了解各种不确定现象中隐含的必然规律性，并用数学的方法研究结果出现可能性的大小。“概率应如何给出?”对这一问题的探索始终伴随着概率论的发展历程。从古典概率问题到以频率概率为基础的初等概率论，再到基于测度论理论的现代概率论，经过了三个世纪的探索，概率论的理论基础完善起来，概率论成了一个严谨的数学分支，不再只是机会游戏中胜负的算计。如今概率论已广泛应用于自然科学、经济学、医学、金融保险甚至人文科学中，几乎所有科学技术领域都不同程度地应用概率论，特别值得一提的是概率论是数理统计的基础，其结果被用做随机问题的统计推断和预测。

现今即使没有学习过概率论的人，也已经熟知要用“概率”一词来表达对随机事件发生可能性的判断。那么，“概率怎样定义?含义又是什么?”本书的第三部分我们将以频率概率为基础介绍概率论的基本思想，是为概率论初步。包括概率论的一些基本概念和方法以及这些概念、方法为我们了解随机现象，描述随机事件所提供的帮助。读者若要熟练掌握概率的计算和理论推导，还需去读一些专业的概率论教材。

第 7 章

随机事件及其概率

§7.1　随机现象与随机事件

7.1.1　随机现象

自然界和社会生活中存在着各种各样的现象，人们发现这些现象的发生有不同的特点。有些现象满足一定条件必然发生，如温度低于 0 摄氏度，水就会结冰，这类现象我们称之为**确定现象**。与之相反，有些现象，即使相同条件下重复发生，结果也未必相同，如抛掷一枚硬币，可能出现正面也可能出现反面，这类现象我们称之为**随机现象**。

对随机现象的研究从对随机现象所进行的观察和试验开始。所谓**随机试验**是指具有以下三个特点的试验：

①试验可以在相同条件下大量重复进行；

②每次试验的可能结果有多个；

③每次试验之前知道所有可能的结果，但无法确知哪一个结果会出现。

我们用字母 E 代表随机试验，并将随机试验简称为**试验**。在现实中，我们可以看到大量随机试验的例子。

例 7.1　下面列举一些随机试验的例子：

试验 E_1：向一个目标射击，观察是否射中。

试验 E_2：丢一枚骰子，观察所得点数。

试验 E_3：在候车厅，观察某段时间候车的人数。

试验 E_4：任取一只灯泡，观察其寿命。

上述四个试验均满足随机试验的三个特点，而且我们可以写出这些试验所有可能的结果如下：

试验的 E_1 有两个可能的结果：{射中}，{未射中}。

试验的 E_2 有 6 个可能的结果：{1 点}，{2 点}，{3 点}，{4 点}，{5 点}，{6 点}。

试验的 E_3 有可列个可能的结果：{0 人}，{1 人}，{2 人}，{3 人} ……

试验的 E_4 有无穷多个可能的结果：灯泡的寿命为 t 小时，则 $\{t \mid 0 \leqslant t < +\infty\}$。

7.1.2 随机事件

在随机试验中，有些事件可能发生，也可能不发生，我们把这类事件称为**随机事件**，用字母 A、B、C……表示。在随机试验中最简单的随机事件就是试验的每一个可能的结果，称为**基本事件**。每次试验必然发生的事件称为**必然事件**，用 S 表示。每次试验都不可能发生的事件称为**不可能事件**，用 $\varnothing$ 表示。

例 7.2 观察下面的随机试验：

将一枚硬币抛掷两次，观察正反面出现的情况。如果我们用 H 表示硬币正面，T 表示硬币反面，则随机试验有 4 个基本事件：

$$\{HH\},\{HT\},\{TH\},\{TT\}$$

在这个随机试验中，“两次抛掷出现相同的面”是一个既可能发生，又可能不发生的随机事件，我们可以用 $A=\{HH,TT\}$ 表示，并且“正面至少出现一次”这样一个随机事件可以用 $B=\{HH,HT,TH\}$ 来表示。

例 7.3 观察一个更为复杂的随机试验。

先丢一枚骰子，观察所得点数是奇数还是偶数。如果是奇数就再丢一次骰子观察所得点数是几，如果是偶数就丢一枚硬币，观察是正面还是反面。如果我们用 E 表示奇数，O 表示偶数，H 表示硬币正面，T 表示硬币反面，则随机试验有 8 个基本事件：

$$\{E1\}，\{E2\}，\{E3\}，\{E4\}，\{E5\}，\{E6\}，\{OH\}，\{OT\}$$

在该随机试验中，“奇数出现两次”是个随机事件，用 $A=\{E1,E3,E5\}$ 表示。

7.1.3 事件的关系和运算①

随机试验 E 的两个事件 A、B，若 A 发生必然导致 B 发生，则称事件 B **包含**事件 A，记为 $A \subset B$；若两个事件互相包含，则称两个事件**相等**，记为 $A=B$；若事件 A **就是**事件 B 不发生，称事件 A 是事件 B 的**对立事件**，记为 $A=\overline{B}$；若两个事件不能同时发生，称两个事件**互斥**或**互不相容**。上述定义描述了同一随机试验的事件之间可能存在的关联，我们将其称为**事件的关系**。

随机试验 E 的两个事件 A、B，“两个事件至少有一个发生”，称为两个事件的**和事件**，记为 $A+B$；“两个事件同时发生”，称为两个事件的**积事件**，记为 AB；“A 发生而 B 不发生”，称为两个事件的**差事件**，记为 $A-B$。可见，事件 A、B 发生情况的不同组合构成了更为复杂的事件，我们将这些组合称为**事件的运算**。

利用积事件，我们可以将事件 A、B 互斥记为 $AB=\varnothing$，利用对立事件，我们可以将差事件 $A-B$ 记为 $A\overline{B}$。

思考题 7.1 试想“买彩票中头奖”如果不是随机事件将会发生什么？

---

① 事件的关系和运算还可以利用集合表示并用集合观点进行解释，有兴趣的读者请参考附录 1。

思考题 7.2　在丢骰子观察点数的随机试验中，指出一个随机事件、一个必然事件和一个不可能的事件。

§7.2　频率与概率

7.2.1　频率

尽管随机现象在每次观察之前无法确定会出现哪一个结果，但是如果进行大量的重复试验，我们会发现其结果的出现还是有一定的规律可循。如抛掷硬币的问题，若硬币均匀并且进行多次抛掷，则正反面出现的机会相等，出现的次数就应相差不多。历史上很多学者对此做过试验。

表 7.1　　**抛掷均匀硬币的试验结果**

试验者	试验次数(n)	正面出现次数(m)	正面出现频率(f)
摩根	2048	1061	0.5181
蒲丰	4040	2048	0.5069
克里奇①	10000	5067	0.5067
皮尔逊	24000	12012	0.5005
维尼	30000	14994	0.4998

从表 7.1 中可以看到，正面出现的频率 $f=m/n$（即正面出现的次数 m 与投掷次数 n 的比值）尽管不确定，但会在 0.5 附近。换句话说，正面出现的频率虽然是随机的，但它在常数 0.5 附近摆动，并且试验次数越多，频率偏离这个常数的可能性越小，我们将这个常数称为**频率的稳定值**。那么，我们用频率还是用频率的稳定值作为事件发生可能性大小的度量？

考虑到一个随机事件发生可能性的大小是该事件的固有属性。频率虽然能够反映事件在一定条件下发生的频繁程度，但它会随着试验次数和试验轮次而变化。与之不同的是，频率的稳定值是一个客观常数，我们用它来衡量事件发生可能性的大小，并称其为事件的概率。

7.2.2　概率

定义 7.1　A 是试验 E 的一个事件，当试验次数充分大时，事件 A 发生的频率的稳定值称为该事件的**概率**，记为 $P(A)$。

这是一种由频率给出的较为直观的概率概念，关于概率的更严格的公理化定义，可参看其他概率论教材，本书不作说明。由频率的性质，以及频率概率的定义我们可以得到概率的三个基本性质：

---

① J. E. 克里奇，英国统计学家，在第二次世界大战德国占领丹麦期间作为战犯被投入监狱，在漫长难熬的狱中时光，他做起了此次抛硬币试验。

性质 1（有界性）任意事件 A，$0 \leqslant P(A) \leqslant 1$ (7.1)

性质 2（规范性）对于必然事件 S，有 $P(S)=1$ (7.2)

性质 3（有限可加性）设 $A_1, A_2, \cdots, A_m$ 为两两互斥的 m 个事件，则

$P(A_1+A_2+\cdots+A_m)=P(A_1)+P(A_2)+\cdots+P(A_m)$[①] (7.3)

由性质 2 和性质 3 我们可以给出概率的另一个重要性质。

性质 4（对立性）任意事件 A 与其对立事件 $\bar{A}$ 的概率满足 $P(A)+P(\bar{A})=1$ (7.4)

思考题 7.3 如果用频率来度量随机事件发生可能性的大小，其优势和缺点各是什么？

§7.3 古典概型

7.3.1 古典概型的概念

前面讲到的频率概率需要对随机现象进行大量的试验才能得到。而古典概型可以根据随机试验特殊的形式和结构直接确定事件的概率。如将一骰子投掷两次观察所得数对，或从一副扑克牌（52 张）中任取 13 张牌、观察得牌情况，这一类试验有如下两个特点：

①随机试验只有有限个可能的结果；

②实验中每个结果出现的可能性相同。

这类随机试验称为**有穷等可能概型**，是概率论发展初期的主要研究对象，亦称**古典概型**。

例 7.4 判断投掷一枚硬币的试验是否为古典概型。

解：若投掷一枚均匀的硬币，则该试验是古典概型，因为该试验只有两个可能的结果，即正面和反面，并且两个结果发生的可能性相等。反之，若硬币不均匀，虽然可能的结果仍然是正面和反面，但是两个结果出现的可能性不同，因此不是古典概型。

在这里结果发生的等可能性是基于硬币是均匀的，当试验是古典概型时，可以直接根据概率的性质得出两个结果发生的概率：$P(\text{正面})=P(\text{反面})=\frac{1}{2}$

一般地，如果一个随机试验可能出现 n 个结果，并且每个结果发生的可能性相等，则每个基本事件发生的概率都是$\frac{1}{n}$。

进一步地，如果一个随机试验可能出现 n 个结果，并且每个结果发生的可能性相等，则包含 m 个结果的事件 A 的概率是：

$$P(A)=\frac{\text{事件 } A \text{ 包含的结果个数}}{\text{试验总的结果个数}}=\frac{m}{n} \tag{7.5}$$

可见，在古典概型问题中，概率计算的关键是正确计算结果的个数。

① 该性质可以推广到可列个两两互斥的事件的概率具有可列可加性。

7.3.2　常见的古典概率问题

下面是一些典型的古典概型问题：

例 7.5（排列问题） 将 10 本书任意地置于书架上，求指定的 3 本放在一起的概率。

解： 将 10 本书任意地放在书架上，总的放置方式有 $A_{10}^{10}=10!$ 种。用 A 表示事件“指定的 3 本书放在一起”，则 A 的放置方式有 $A_8^8 \cdot A_3^3=8! \cdot 3!$ 种。由于每种放置方式出现的可能性相同，则由古典概率计算公式（7.5）得：

$$P(A)=\frac{8! \cdot 3!}{10!}=\frac{1}{15}$$

例 7.6（选座问题） 10 个人围坐圆桌，求甲、乙两人坐在一起的概率。

解： 10 个人任意地围坐圆桌，总共有 $A_{10}^{10}/10=9!$ 种围坐的方式，其中分子表示 10 个人任意地排成一排，除以分母 10 是因为圆桌使得排列的首尾相连，重复计数了 10 次。A 表示事件“甲、乙坐在一起”，则 A 有 $A_9^9 \cdot A_2^2/9=8! \cdot 2!$ 种围坐方式。由于每种围坐方式出现的可能性相同，则由古典概率计算公式（7.5）得：

$$P(A)=\frac{8! \cdot 2!}{9!}=\frac{2}{9}$$

例 7.7（取球问题） 设袋中有 4 只白球和 2 只黑球，现从袋中无放回地依次取出 2 只球，求这 2 只球都是白球的概率。若从袋中有放回地取球 2 次，求这 2 只球都是白球的概率。

解： 从放有 6 只球的袋子中取出 2 只，若无放回地取球，则共有 $A_6^2=6\times5$ 种情形；若有放回地取球，则共有 6×6 种取法。用 A 表示无放回取球时事件“2 只球都是白球”，则 A 有 $A_4^2=4\times3$ 种取法。用 B 表示有放回取球时事件“2 只球都是白球”，则 B 有 4×4 种取法。由于每种取法发生的可能性相同，则由古典概率计算公式（7.5）得：

$$P(A)=\frac{4\times3}{6\times5}=\frac{2}{5},\quad P(B)=\frac{4\times4}{6\times6}=\frac{4}{9}$$

例 7.8（放球问题） 把 4 只球放到 5 个杯子中去，求第 1、第 2 个杯子中各有 2 只球的概率。若每个杯子只能放 1 只球，求第 1 至第 4 个杯子各放 1 只球的概率。

解： 随机试验是将 4 只球放到 5 个杯子中，若每个杯子可以放多只球，则有 5^4 种放法；若每个杯子只能放 1 只球，则有 $A_5^4=5\times4\times3\times2$ 种放法。用 A 表示事件“第 1、第 2 个杯子中各有 2 只球”，则 A 包含 $C_4^2 \cdot C_2^2=6$ 种放法。用 B 表示事件“第 1 至第 4 个杯子各放 1 只球”，则 B 包含 $A_4^4=4!$ 种放法。由于每种放法发生的可能性相同，因此由古典概率计算公式（7.5）得：

$$P(A)=\frac{6}{5^4},\quad P(B)=\frac{4!}{5\times4\times3\times2}=\frac{1}{5}$$

还有许多常见的古典概率问题未能列举①，值得注意的是，不同的古典概率问题可能有相似的概率模型。与上述摸球问题相似的有抽检产品问题、抽签问题等，与放球问题相似的有分房问题、生日问题等。

思考题 7.4　班级里至少有两个人生日是同一天的概率是大还是小，试着算一算。

---

① 建议有兴趣的同学可以阅读孙荣恒著：《趣味随机问题》，科学出版社 2008 年版。

§7.4　事件相互独立

7.4.1　事件相互独立的直观定义与数学定义

两个事件，若其中任一事件的发生与否不影响另一个事件发生的概率，则称这两个事件是**相互独立的**。

例如射击两次，第一次射中与否不影响第二次射中的概率。再如打扑克牌，第一局赢牌与否不影响第二局赢的概率。

上述定义被看做是事件独立的直观定义。如何在数学上给出两个事件独立？我们看下面的例子：

考虑从 n 个灯泡中任取一个检验灯泡的外观及寿命是否合格。令 $A=$ “取到的灯泡外观合格”，$B=$ “取到的灯泡寿命合格”。设 n 个灯泡中，外观合格的有 n_A 个，寿命合格的有 n_B 个，外观和寿命都合格的有 n_{AB} 个。若外观合格的 n_A 个灯泡中，寿命合格的比例与所有灯泡中寿命合格的比例相等，即：

$$\frac{n_{AB}}{n_A}=\frac{n_B}{n}$$

则说明外观是否合格不影响寿命合格的比例，换句话说即事件 A 发生与否不影响事件 B 发生的概率。将上式改写为：

$$\frac{n_{AB}}{n_B}=\frac{n_A}{n}$$

则表示寿命合格的灯泡中外观合格的比例与所有灯泡中外观合格的比例相等，说明寿命是否合格也不影响外观合格的比例。也就是说事件 B 发生与否不影响事件 A 发生的概率，可断定事件 A 与事件 B 相互独立。上述等式可以进一步地写为：

$$\frac{n_{AB}}{n}=\frac{n_A}{n}\cdot\frac{n_B}{n}$$

根据古典概率公式（7.5），上式可以写成概率的形式为 $P(AB)=P(A)\cdot P(B)$。这样我们就得到了事件相互独立的数学定义。

定义 7.2　设 A、B 是两个事件，若满足等式

$$P(AB)=P(A)P(B) \tag{7.6}$$

则称事件 A 与事件 B 是**相互独立的**事件。

7.4.2　事件相互独立的概率计算

对于一些较为复杂的事件，仅凭直观定义不易判别事件是否独立，此时可以根据事件独立的数学定义，即通过概率之间的关系是否满足式（7.6）来判定。

例 7.9　从一副不含大小王的扑克牌中任取一张，记 $A=$ “抽到 K”，$B=$ “抽到的牌是黑色的”，问事件 A、B 是否独立？

解： $P(A)=4/52=1/13$，$P(B)=26/52=1/2$，$P(AB)=2/52=1/26$

可见，$P(AB)=P(A)P(B)$，即事件 A 与 B 独立。

如果事件相互独立，事件的概率计算也可以得到简化。

例 7.10　设高射炮击中飞机的概率是 0.6，求下列事件的概率：

①两门高射炮同时各发射一发炮弹都击中飞机的概率是多少？

②两门高射炮同时各发射一发炮弹，至少一个击中飞机的概率是多少？

解： 设 $A_k=$ “第 k 门高射炮发射一发炮弹而击中飞机”，$k=1,2$，A_k 之间相互独立，且 $P(A_k)=0.6$ 于是：

①$P(A_1A_2)=P(A_1)P(A_2)=0.6^2=0.36$

②“都未击中飞机”的概率为 $P(\overline{A}_1\overline{A}_2)=P(\overline{A}_1)P(\overline{A}_2)=0.4^2=0.16$，其对立事件“至少一个击中飞机”的概率可由公式（7.4）给出，即

$P(A_1+A_2)=1-P(\overline{A}_1)P(\overline{A}_2)=1-0.4^2=0.84$

思考题 7.5　一副错扑克牌的花色和牌面是否相互独立？比如在不含大、小王的 52 张扑克牌中多加两张黑色的 K，那么任取一张，“抽到 K”和“抽到的牌是黑色的”是否相互独立？

§7.5　条件概率与全概率公式

7.5.1　条件概率

在许多实际问题中，事件之间不是相互独立的，即一个事件发生会影响另一事件发生的概率。例如，掷一枚均匀的骰子，事件“出现 6 点”的概率为 1/6，若已知出现的是偶数点，则“出现 6 点”的概率为 1/3。“出现偶数点”这一事件影响了“出现 6 点”这一事件的概率。这就需要我们考虑，当一个事件发生后另一事件发生的概率，我们称为条件概率。

一般地，A、B 是试验 E 的事件，在事件 B 已经发生的条件下事件 A 发生的概率我们称为“事件 B 发生条件下，事件 A 发生的条件概率”，记为 $P(A\mid B)$。由于增加了新的条件“事件 B 已经发生”，一般来说，$P(A\mid B)$ 与 $P(A)$ 是不同的。

考虑古典概型中条件概率的计算，假设试验总共包含 n 个结果，事件 A 包含其中 n_A 个结果，事件 B 包含其中 n_B 个结果，事件 AB 包含其中 n_{AB} 个结果。根据古典概型概率的计算公式，有

$$P(A)=\frac{n_A}{n},\ P(B)=\frac{n_B}{n},\ P(AB)=\frac{n_{AB}}{n}$$

若事件 B 已经发生，事件 B 之外的结果将不可能出现，此时随机试验可能出现的结果由 n 个缩减为 n_B 个，再考虑事件 A 发生，就只能出现事件 AB 所包含的 n_{AB} 个结果。因此

$$P(A\mid B)=\frac{\text{事件 }AB\text{ 包含的结果个数}}{\text{事件 }B\text{ 包含的结果个数}}=\frac{n_{AB}}{n_B}=\frac{n_{AB}/n}{n_B/n}=\frac{P(AB)}{P(B)}$$

受到上式的启发，我们给出条件概率的数学定义：

定义 7.3 设 A、B 是两个随机事件，$P(B)>0$，称

$$P(A \mid B)=\frac{P(AB)}{P(B)} \tag{7.7}$$

为事件 B 发生的条件下事件 A 发生的**条件概率**。

不难验证，条件概率 $P(\cdot \mid B)$ 也具有概率的三个基本性质，即

性质 1（有界性）对于任何事件 A，$0 \leqslant P(A \mid B) \leqslant 1$；

性质 2（规范性）$P(S \mid B)=1$；

性质 3（有限可加性）若 $A_1, A_2, \cdots, A_n$ 两两互斥，则有

$$P(A_1+A_2+\cdots+A_n \mid B)=P(A_1 \mid B)+P(A_2 \mid B)+\cdots+P(A_n \mid B)$$

从条件概率的定义中我们容易得出，当 $P(B)>0$ 时，

$$P(AB)=P(B)P(A \mid B) \tag{7.8}$$

我们将其称为**概率的乘法公式**。

在下面的例子中熟悉应用条件概率和乘法公式。

例 7.11 设 10 件产品中包含 3 件废品，从中任取两件，求两件都是正品的概率。

解： 记 A_i 表示“第 i 次取出的是正品”，$i=1,2$，则所求概率为 $P(A_1A_2)$。

事件 A_1 发生的环境是在 10 件产品（7 件正品，3 件废品）中任取一个，因此 $P(A_1)=7/10$。事件 $A_2 \mid A_1$ 是在第一次取到正品条件下，再次取到正品，即在剩余 9 件产品（6 件正品，3 件废品）中任取一个，因此条件概率为 $P(A_2 \mid A_1)=6/9$。则根据乘法公式（7.8）有

$$P(A_1A_2)=P(A_1)P(A_2 \mid A_1)=\frac{7}{10}\times\frac{6}{9}$$

思考题 7.6 条件概率 $P(A \mid B)$ 与概率 $P(A)$ 相等时，事件 A 与 B 是什么关系？

7.5.2 全概率公式

将概率的有限可加性和乘法公式综合起来可以得到一个计算复杂事件概率的重要公式，我们称为全概率公式。

定理 7.1 设 A 为试验 E 的一个事件，$B_1, B_2, \cdots, B_n$ 为试验 E 的一个互斥事件组，并且在一次试验中 $B_1, B_2, \cdots, B_n$ 有且仅有一个发生，则

$$P(A)=\sum_{k=1}^{n} P(B_k)P(A \mid B_k) \tag{7.9}$$

此公式称为**全概率公式**。

证明： 因为在一次试验中 $B_1, B_2, \cdots, B_n$ 有且仅有一个发生，所以 $B_1+B_2+\cdots+B_n$ 为必然事件 S，事件 A 发生的概率可以写为

$$P(A)=P(AS)=P(A(B_1+B_2+\cdots+B_n))=P(AB_1+AB_2+\cdots+AB_n)$$

进一步，因为 $B_1, B_2, \cdots, B_n$ 两两互斥，则 $AB_1, AB_2, \cdots, AB_n$ 也两两互斥，由概率的有限可加性，得

$$P(AB_1+AB_2+\cdots+AB_n)=P(AB_1)+P(AB_2)+\cdots+P(AB_n)$$

再由乘法公式（7.8），对任意 $k(k=1,2,\cdots,n)$，都有 $P(AB_k)=P(B_k)P(A \mid B_k)$，则有

$$P(A)=\sum_{k=1}^{n} P(B_k)P(A \mid B_k)$$

例 7.12　设一袋中共有乒乓球 8 只，其中 3 只为新球，5 只为旧球。第一次比赛时，从中任取 2 球用于比赛，赛后放回；第二次比赛时再从中任取 3 球。求第二次所取 3 球中恰有 2 只新球的概率为多少？

解： 随机试验是从袋中任取 2 球用于比赛，设 B_i = “第一次所取 2 球中恰有 i 个新球”，$i=0,1,2$，则 B_0,B_1,B_2 组成了试验的一个互斥事件组，并且在一次试验中有且仅有一个发生。记 A = “第二次所取 3 球中恰有 2 只新球”，则由全概率公式（7.9）可得

$$P(A)=\sum_{k=0}^{2}P(B_k)P(A\mid B_k)=P(B_0)P(A\mid B_0)+P(B_1)P(A\mid B_1)+P(B_2)P(A\mid B_2)$$
$$=\frac{C_5^2}{C_8^2}\times\frac{C_5^1C_3^2}{C_8^3}+\frac{C_5^1C_3^1}{C_8^2}\times\frac{C_6^1C_2^2}{C_8^3}+\frac{C_3^2}{C_8^2}\times 0=\frac{10}{28}\times\frac{15}{56}+\frac{15}{28}\times\frac{6}{56}=\frac{15}{98}$$

习 题 七

1. 以 A、B、C 分别表示某城市居民订阅日报、晚报和体育报。试用 A、B、C 表示以下事件：

（1）只订阅日报；　　（2）只订日报和晚报；

（3）只订一种报；　　（4）正好订两种报；

（5）至少订阅一种报；　　（6）不订阅任何报；

（7）至多订阅一种报；　　（8）三种报纸都订阅；

（9）三种报纸不全订阅。

2. 甲、乙、丙三人各射击一次，事件 A_1,A_2,A_3 分别表示甲、乙、丙射中。试说明下列事件所表示的结果：$\overline{A_2}$，A_2+A_3，$\overline{A_1A_2}$，$\overline{A_1+A_2}$，$A_1A_2\overline{A_3}$，$A_1A_2+A_2A_3+A_1A_3$

3. 每个路口有红、绿、黄三色指示灯，假设各色灯的开闭是等可能的。一个人骑车经过三个路口，试求下列事件的概率：A = “三个都是红灯” = “全红”；B = “全绿”；C = “全黄”；D = “无红”；E = “无绿”；F = “三次颜色相同”；G = “颜色全不相同”；H = “颜色不全相同”

4. 设一批产品共 100 件，其中 98 件正品，2 件次品，从中任意抽取 3 件（分三种情况：一次拿 3 件；每次拿 1 件，取后放回共拿 3 次；每次拿 1 件，取后不放回共拿 3 次），试求：

（1）取出的 3 件中恰有 1 件是次品的概率；

（2）取出的 3 件中至少有 1 件是次品的概率。

5. 从 $0,1,2,\cdots,9$ 中任意选出 3 个不同的数字，试求下列事件的概率：

$A_1=\{3$ 个数字中不含 0 与 $5\}$，$A_2=\{3$ 个数字中不含 0 或 $5\}$

6. 从 $0,1,2,\cdots,9$ 中任意选出 4 个不同的数字，计算它们能组成一个 4 位偶数的概率。

7. 一个宿舍中住有 6 位同学，计算下列事件的概率：

（1）6 人中至少有 1 人生日在 10 月份；

（2）6 人中恰有 4 人生日在 10 月份；

（3）6 人中恰有 4 人生日在同一月份。

8. 从一副扑克牌（52 张）中任取 3 张（不重复），计算取出的 3 张牌中至少有 2 张花色相同的概率。

9. 假设一批产品中一、二、三等品各占 60%、30%、10%，从中任取一件，结果不是三等品，求取到的是一等品的概率。

10. 设事件 A 与 B 相互独立，两个事件只有 A 发生的概率与只有 B 发生的概率都是 $\frac{1}{4}$，求 $P(A)$ 和 $P(B)$。

11. 甲、乙、丙三机床独立工作，在同一段时间内它们不需要工人照顾的概率分别为 0.7、0.8 和 0.9，求在这段时间内，最多只有一台机床需要工人照顾的概率。

12. 10 张奖券中含有 4 张中奖的奖券，每人购买 1 张，求：

（1）前 3 人中恰有 1 人中奖的概率；

（2）第 2 人中奖的概率。

13. 每箱产品有 10 件，其次品数从 0 到 2 是等可能的。开箱检验时，从中任取 1 件，如果检验是次品，则认为该箱产品不合格而拒收。假设由于检验有误，1 件正品被误检是次品的概率是 2%，1 件次品被误判是正品的概率是 5%，试计算：

（1）抽取的 1 件产品为正品的概率；

（2）该箱产品通过验收的概率。

14. 对飞机进行 3 次独立射击，第一次射击命中率为 0.4，第二次为 0.5，第三次为 0.7。击中飞机一次而飞机被击落的概率为 0.2，击中飞机二次而飞机被击落的概率为 0.6，若被击中三次，则飞机必被击落。求射击三次飞机未被击落的概率。

第8章

随机变量及其概率分布

为了了解随机现象的统计规律以及方便数学上的处理，人们将随机试验的结果数量化，并用一些函数来描述其统计规律，这就产生了随机变量和随机变量的概率分布的概念。本章将引入随机变量的概念，介绍随机变量的概率分布函数和性质以及常见的随机变量。

§8.1 随机变量及其分类

8.1.1 随机变量

了解随机现象是指知道随机现象每个可能的结果，以及每个结果发生的可能性大小。但这不等同于知道每次观察随机现象将得到什么样的结果。随机现象的随机性就在于其结果是不可预测的。无论我们怎样了解随机现象，总不会改变这一特点。那么了解随机现象有什么用呢？虽然根据概率来预测发生什么结果是不可能的，但概率可以作为决策判断的依据。当我们要对一件不可预测的事情作出决策时，概率为我们避免“坏”的结果，趋向“好”的结果提供帮助。例如天气预报说“明天下雨的概率为80%”，那么带伞可能是一个更明智的选择，尽管可能派不上用场。再如两种产品的次品率有高低之分，尽管这并不能代表你买到的产品质量，但人们还是认为次品率低的产品质量好而更愿意购买。可见，了解随机现象，掌握随机事件发生的概率对人们的决策起到了重要的作用。

为此需要利用数学工具更好地表达随机现象的结果，而随机现象的结果未必是数量化的，如抛掷硬币时出现正面或反面，射击时射中或未射中等，但我们可以人为地将随机现象的结果与实数对应。例如钱币的正面对应1，反面对应0，射击射中对应1，未射中对应0。进一步地，如果我们引入一个变量X，令X取不同的值来表示随机现象所有可能的结果，我们将这个变量称为**随机变量**。

例如在抛掷硬币的试验中，引入一个随机变量X代表该随机现象可能的结果，则可以用$X=1$表示硬币出现正面，$X=0$表示出现反面。又如在掷骰子的试验中，引入另一个随机

变量 Y 代表该随机现象可能的结果，则可以用 $Y=1$ 表示出现 1 点，$Y=2$ 表示出现 2 点，以此类推。

由于我们引入的随机变量可以表示随机现象所有可能的结果，那么对随机现象的了解就转化为对随机变量的了解。我们希望知道一个随机变量所有可能的取值，以及每个取值发生的概率，了解了这两点，随机现象的规律就清楚了。我们将用来描述随机变量取值及其概率的表述统称为随机变量的**概率分布**。一般地，当随机变量的取值情况不同时，用来描述其取值和概率的概率分布也是不同的。

8.1.2 随机变量的分类

随机变量可按照其取值的情况进行分类。取值有限个或可列无限个的随机变量称为**离散型随机变量**（discrete random variable）；否则称为**非离散型随机变量**（non - discrete random variable）。在非离散型随机变量中，重要的一类是取值充满某个区间的随机变量，称为**连续型随机变量**（continuous random variable）。

§8.2 随机变量的概率分布

下面我们分别给出离散型随机变量和连续型随机变量的概率分布。

8.2.1 离散型随机变量的概率分布

对离散型随机变量，我们可以用下述的概率分布律来描述。

定义 8.1 设离散型随机变量 X 所有可能取值为 $x_i(i=1,2,3,\cdots)$，事件 $(X=x_i)$ 的概率为

$$P(X=x_i)=p_i, i=1,2,3,\cdots,$$

且满足

性质 1（非负性）$p_i \geqslant 0, i=1,2,3,\cdots,$ (8.1)

性质 2（规范性）$\sum_{i=1}^{+\infty} p_i = 1$ (8.2)

则称 $P(X=x_i)=p_i, i=1,2,3,\cdots,$ 为随机变量 X 的**概率分布律**，简称**分布律**。也称为**概率质量函数**（probability mass function，简写为 pmf）。

离散型随机变量的分布律常用表格形式来表示（如表 8.1）：

表 8.1 离散型随机变量的分布律

X	x_1	x_2	x_3	$\cdots$	x_i	$\cdots$
p_i	p_1	p_2	p_3	$\cdots$	p_i	$\cdots$

例 8.1 两人进行猜拳游戏，同时在 0、5、10 中任选一个数字，猜中两人选择的数字之和者获胜。两人选择的数字之和用随机变量 X 表示，请写出 X 的概率分布。

解：在 0、5、10 中任选两个数字（可以相同）相加，得到随机变量 X 的取值为 0、5、10、15、20。因此随机变量 X 为离散型随机变量，可以用分布律描述其取值及概率如表 8.2。

表 8.2　猜拳游戏随机变量的分布律

X	0	5	10	15	20
p_i	1/9	2/9	3/9	2/9	1/9

8.2.2　连续型随机变量的概率分布

对连续型随机变量，由于其取值不能一一列出，而是充满某个区间，我们可以用下述的概率密度函数来描述。

定义 8.2　设连续型随机变量 X 取值落在区间 $(x, x+\Delta x]$ 上的概率为 $P(x < X \leqslant x+\Delta x)$，如果对任意的 x，极限

$$\lim_{\Delta x \to 0} \frac{P(x < X \leqslant x+\Delta x)}{\Delta x} \triangleq f(x) \tag{8.3}$$

存在，则称 $f(x)$ 为随机变量 X 的**概率密度函数**（probability density function，简写为 pdf），简称**密度函数**。

不难证明，概率密度函数 $f(x)$ 具有如下基本性质：

性质 1（非负性）$f(x) \geqslant 0$　(8.4)

性质 2（可积性）对任意实数 a、b（$a \leqslant b$）

$$P(a < X \leqslant b) = \int_a^b f(x)\,dx \tag{8.5}$$

性质 3（规范性）$\int_{-\infty}^{+\infty} f(x)\,dx = 1$　(8.6)

特别地，注意到概率密度函数的性质 2，可以得到连续型随机变量取值概率的两个特别性质：

性质 1（点概率）$P(X = c) = 0$，$c \in R$　(8.7)

性质 2（区间概率）$P(a < X \leqslant b) = P(a \leqslant X < b) = P(a \leqslant X \leqslant b)$

$$= P(a < X < b) = \int_a^b f(x)\,dx \tag{8.8}$$

8.2.3　随机变量的累积分布

前面给出的概率质量（密度）函数是描述离散（连续）型随机变量统计规律的直观方法。下面将介绍用累积分布函数来描述随机变量。虽然这种描述方法不如前两者直观，但是它打破了对随机变量取值类型的限制，也就是说累积分布函数可以用来描述各种类型的随机变量的统计规律。

定义 8.3　设 X 是一个随机变量，定义在实数集上的实值函数 $F(x)$：

$$F(x) = P(X \leqslant x), x \in (-\infty, +\infty) \tag{8.9}$$

称为随机变量 X 的**分布函数**（distribution function），或称为**累积分布函数**（cumulative distribution function，简写为 cdf）。

由定义不难证明，累积分布函数 $F(x)$ 具有如下基本性质：

性质 1（有界性）$0 \leqslant F(x) \leqslant 1$，$x \in (-\infty, +\infty)$　(8.10)

性质 2（单调性）$F(x)$ 是 x 的单调非减函数。　(8.11)

性质 3（连续性）$F(x)$是 x 的右连续函数，即 $F(x+0)\triangleq\lim\limits_{t\to x^+}F(t)=F(x)$　　(8.12)

特别地，考虑到累积分布函数的定义，我们不难得到关于分布函数与事件概率之间关系的两个重要性质：

性质 1（无穷点）$F(+\infty)\triangleq\lim\limits_{x\to+\infty}F(x)=P(S)=1$，$F(-\infty)\triangleq\lim\limits_{x\to-\infty}F(x)=P(\varnothing)=0$　　(8.13)

性质 2（区间内）对任意实数 a、b（$a\leqslant b$）

$$F(b)-F(a)=P(a<X\leqslant b) \tag{8.14}$$

引入累积分布函数的定义后，离散（连续）型随机变量除了可以用概率质量（密度）函数描述，也可以用累积分布函数描述。且一个随机变量的概率质量（或密度）函数与累积分布函数之间有如下关联：

一般地，若离散型随机变量 X 的概率质量函数为：

$$P(X=x_k)=p_k,k=1,2,3,\cdots$$

则由式（7.3）及式（8.9），可得离散型随机变量 X 的累积分布函数 $F(x)$为：

$$F(x)=P(X\leqslant x)=\sum_{x_k\leqslant x}P(X=x_k)=\sum_{x_k\leqslant x}P_k\qquad x\in(-\infty,+\infty) \tag{8.15}$$

例 8.2　离散型随机变量 X 的概率质量函数如表 8.3。

表 8.3

X	-2	1	5
p_i	1/8	3/8	1/2

则由式（8.15）得 X 的累积分布函数为：

$$F(x)=\begin{cases}0, & x<-2\\ \frac{1}{8}, & -2\leqslant x<1\\ \frac{1}{8}+\frac{3}{8}, & 1\leqslant x<5\\ \frac{1}{8}+\frac{3}{8}+\frac{1}{2}, & x\geqslant 5\end{cases}\qquad 即\ F(x)=\begin{cases}0, & x<-2\\ \frac{1}{8}, & -2\leqslant x<1\\ \frac{1}{2}, & 1\leqslant x<5\\ 1, & x\geqslant 5\end{cases}$$

随机变量 X 的概率质量函数与累积分布函数的图形分别如图 8.1、图 8.2。

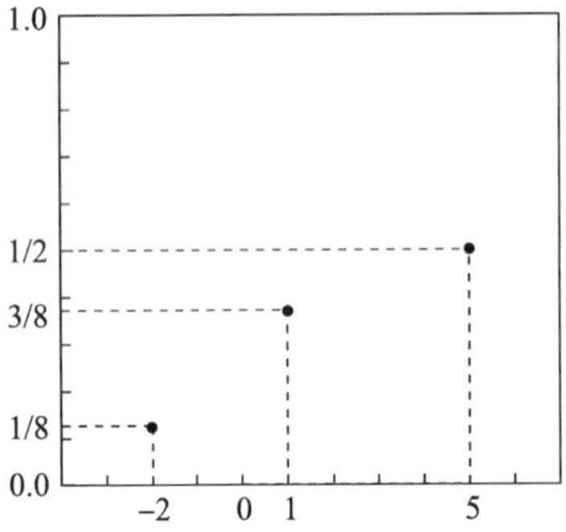

图 8.1　概率质量函数图形

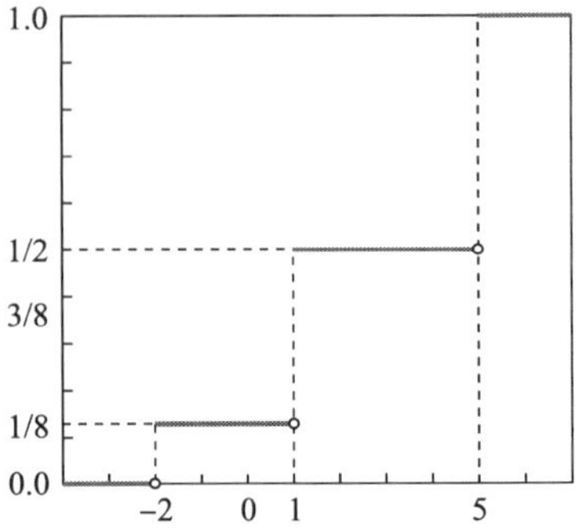

图 8.2　累积分布函数图形

可见离散型随机变量的累积分布函数图形是位于 $y=0$ 与 $y=1$ 带型区域中非降的右连续阶梯型跳跃曲线，在随机变量的每个离散取值点 x_i 处有跳跃，且跳跃的高度值为 $P(X=x_i)$。

另一方面，若连续型随机变量 X 的概率密度函数为：$f(x)$，$x\in(-\infty,+\infty)$
则由式（8.5）及式（8.9），可得连续型随机变量 X 的累积分布函数为：

$$F(x)=P(X\leqslant x)=\int_{-\infty}^{x}f(t)dt,\quad x\in(-\infty,+\infty) \tag{8.16}$$

且在 $f(x)$ 的连续点 x_0 处，有 $F'(x)\big|_{x_0}=f(x_0)$

例 8.3　连续型随机变量 X 具有概率密度函数 $f(x)=\dfrac{1}{1+x^2}$，　$-\infty<x<+\infty$，
则由式（8.16）得 X 的累积分布函数为：

$$F(x)=P(X\leqslant x)=\int_{-\infty}^{x}f(t)dt=\int_{-\infty}^{x}\frac{1}{1+t^2}dt=\arctan x,\quad -\infty<x<+\infty$$

随机变量 X 的概率密度函数与累积分布函数的图形分别如图 8.3、图 8.4。

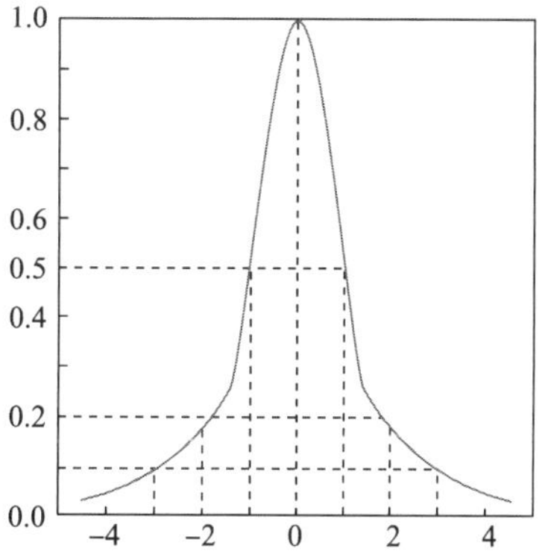

图 8.3　概率密度函数图形

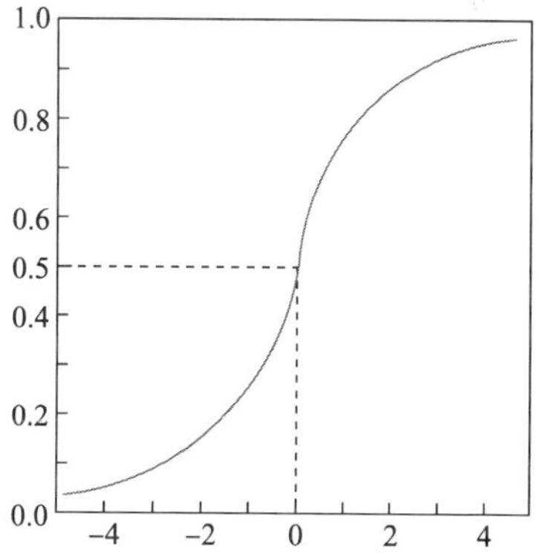

图 8.4　累积分布函数图形

可见连续型随机变量的累积分布函数的图形是位于 $y=0$ 与 $y=1$ 带型区域中单调递增且处处连续的曲线。

§8.3　几种常见的随机变量

8.3.1　几种常见的离散型随机变量

下面介绍几种最常用的离散型随机变量的概率分布。

（1）伯努利分布（Bernoulli distribution）

设试验 E 是一项是/非试验（只有两个可能结果“成功”或“失败”或我们仅关心互相对立的两类结果 A 与 $\bar{A}$），我们称试验 E 为**伯努利试验**，并且将表示伯努利试验结果的随机变量称为**伯努利随机变量**。若伯努利试验“成功”，则伯努利随机变量取值为 1；若伯努利试验“失败”，则伯努利随机变量取值为 0。记“成功”的概率为 p，则“失败”的概率

为 $1-p$，这样就得到了伯努利随机变量所服从的分布即为伯努利分布。

定义 8.4 设随机变量 X 具有分布律如表 8.4。

表 8.4

X	0	1
p_i	$1-p$	p

则称随机变量 X 服从参数为 p 的**伯努利分布**（又名 **0~1 分布或两点分布**）。

（2）二项分布（binominal distribution）

将伯努利试验 E 独立重复地进行 n 次，这样的试验我们称之为 n **重伯努利试验**。用随机变量 X 表示 n 重伯努利试验中“成功”的次数，则 X 可能取值是 $0,1,2,\cdots,n$，且有

$$P(X=k)=C_n^k p^k q^{n-k} \qquad k=0,1,2,\cdots,n$$

注意到 $C_n^k p^k q^{n-k}$ 恰为二项式 $(p+q)^n$ 展开式中的项，为此我们称随机变量 X 服从的分布为二项分布。

定义 8.5 设随机变量 X 具有概率分布律

$$P(X=k)=C_n^k p^k q^{n-k} \qquad k=0,1,2,\cdots,n \tag{8.17}$$

则称随机变量 X 服从参数为 n、p 的**二项分布**，记为 $X \sim B(n,p)$。

特别地，当 $n=1$ 时，$P(X=k)=p^k q^{1-k}, k=0,1$，二项分布 $B(1,p)$ 就是上述伯努利分布。

例 8.4 设某人射击的命中率为 0.4，今进行 n 次独立射击，以 X 表示 n 次射击中命中的次数，求 X 的概率分布律。

解 显然 X 服从参数为 n，0.4 的二项分布，即 $X \sim B(n,0.4)$，于是

$$P(X=k)=C_n^k (0.4)^k (0.6)^{n-k} \qquad k=0,1,2,\cdots,n$$

当 $n=15$ 时，可得 X 的分布律如表 8.5 所示，其中，$P_k \triangleq P(X=k)$

表 8.5 $n=15$ 时，X 的分布律

k	P_k	k	P_k	k	P_k	k	P_k
0	0.0005	4	0.1268	8	0.1181	12	0.00165
1	0.0047	5	0.1859	9	0.0612	13	0.00025
2	0.0219	6	0.2066	10	0.0245	14	0.00002
3	0.0634	7	0.1771	11	0.0074	15	0.00001

此时概率质量函数的图形如图 8.5。

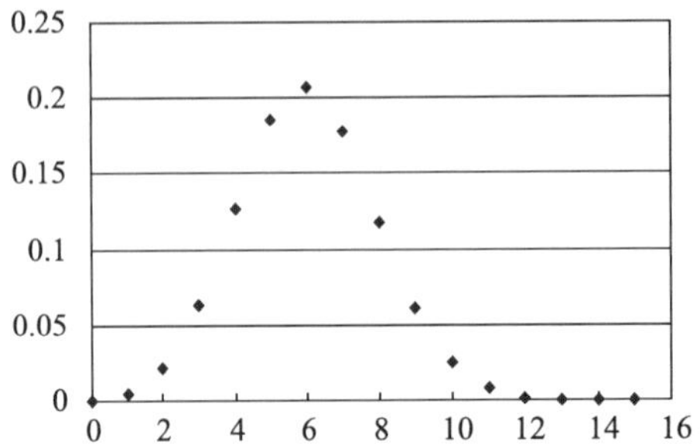

图 8.5 $n=15$ 时，X 的概率质量函数图形

可见二项分布的特点是概率随取值增大而逐渐增大，达到最大后又逐渐减小。对服从 $B(15,0.4)$ 的随机变量 X，取值为 6 的概率最大，且取值大于等于 11 时，概率 $P_k \leqslant 0.01$。一般地，我们将随机变量发生概率最大的取值称为随机变量的**众数**。二项分布随机变量的众数具有如下规律：当 $(n+1)p$ 不为整数时，具有惟一众数 $[(n+1)p]$；当 $(n+1)p$ 为整数时，具有众数 $(n+1)p$ 和 $(n+1)p-1$。

（3）泊松分布（Poisson distribution）

泊松分布又称泊松小数法则（Poisson law of small numbers）是一种统计与概率学里常见的离散概率分布，由法国数学家西莫恩·德尼·泊松（Siméon – Denis Poisson）在 1838 年时发表。

定义 8.6　设随机变量 X 的可能取值是 $0,1,2,\cdots,k,\cdots$，且

$$P(X=k)=\frac{e^{-\lambda}\lambda^k}{k!},k=0,1,2,\cdots \qquad （其中 \lambda>0 是常数） \tag{8.18}$$

则称随机变量 X 服从参数为 λ 的**泊松分布**，记为 $X \sim P(\lambda)$。

泊松分布适合于描述一定时间内随机事件发生的次数。如在一定时间内使用某一服务设施的人数、电话交换机接到呼叫的次数、汽车站台的候客人数、机器出现的故障数、自然灾害发生的次数、DNA 序列的变异数、放射性原子核的衰变数等等。泊松分布的参数 λ 是单位时间（或单位面积）内随机事件的平均发生率。

泊松分布也具有众数并且当 λ 不为整数时，具有惟一众数 $[\lambda]$；当 λ 为整数时，具有众数 λ 和 $\lambda-1$。泊松分布与二项分布具有如此相似的性质，它们之间是否存在着某种内在的关系？事实上最初泊松分布是作为二项分布的极限分布而引入的。这一事实可由泊松定理给出证明，有兴趣的同学可以参看概率论的教材。

我们也可以如下理解泊松分布的来源。在二项分布的伯努利试验中，如果保持乘积 $\lambda=np$ 为常量，则当成功的概率 p 降至很小时，试验次数 n 就要大幅增加，此时二项分布中事件的概率会随 n 增加而逼近泊松分布中该事件的概率。因此，泊松分布可以看作二项分布的极限分布，反之也可以将二项分布看作泊松分布在离散时间上的对应。

设随机变量 X 服从参数为 n、p 的二项分布，随机变量 Y 服从参数为 np 的泊松分布，则通过下面的表 8.6 可以看到，随着试验次数 n 增加，二项分布中事件“$X=0$”的概率逼近泊松分布中“$Y=0$”的概率。

表 8.6　$\lambda=np=1$ 时，二项分布“$X=0$”与泊松分布中“$Y=0$”的概率比较

n	p	$P(X=0)$	$P(Y=0)=e^{-1}$
5	0.2000	0.328	0.36789
10	0.1000	0.349	0.36789
50	0.0200	0.364	0.36789
100	0.0100	0.366	0.36789
500	0.0020	0.3675	0.36789
1 000	0.0010	0.3677	0.36789
5 000	0.0002	0.3678	0.36789
10 000	0.0001	0.3679	0.36789

若二项分布 $B(n,p)$ 的 n 很大，p 很小，np 较为适中，则服从二项分布 $B(n,p)$ 的事件概率可用参数 $\lambda=np$ 的泊松分布中相应事件的概率来近似，例如设 $X\sim B(5000,0.0002)$，$Y\sim P(1)$ 则 $P(X=k)\approx P(Y=k)$，即

$$P(X=k)=C_{5000}^{k}0.0002^{k}\,0.9998^{5000-k}\approx P(Y=k)=\frac{e^{-1}}{k!}$$

泊松分布常用于小概率事件，我们也称为稀有事件，是对在一段时间内发生次数的预测。二战期间，对伦敦的猛烈空袭提供了“泊松分布应用”的一个例子。R. D. 克拉克 1946 年在《英国精算学会学报》上发表的一篇文章说：“在炸弹袭击伦敦期间，经常有人断言炸弹轰炸点是集中的。”他将伦敦南部 144 平方千米划分为 576 个 1/4 平方千米的区域，考察的时间段内炸弹的总数为 537 枚，记录下该时间段内遭受炸弹袭击 0、1、2、3…次的区域个数。将计数获得的实际数目与他应用泊松分布公式计算的预期数目比较得出如表 8.7 的结果。①

表 8.7　与泊松预期值比较的伦敦地区标格区域数

区域炸弹数	$\lambda=\frac{537}{576}$时泊松分布 P_k	泊松预期区域数	实际区域数
0	0.39364584	226.74	229
1	0.36699654	211.39	211
2	0.17107638	98.54	93
3	0.05315972	30.62	35
4	0.01239583	7.14	7
5（以上）	0.00272569	1.57	1
总数	1.0000	576.00	576

最通常的结果是没有炸弹，其次是一枚炸弹，密集轰炸（4 枚或 5 枚以上炸弹）并不比人们预料的更普遍。从对比的情况我们可以认为泊松分布比较好地近似了轰炸的实际情况。因此，断言“炸弹是针对特定区域（而不是任意分布于伦敦上空）进行轰炸”是不正确的。

8.3.2　几种常见的连续型随机变量

（1）均匀分布（uniform distribution）

定义 8.7　设随机变量 X 在区间 $[a,b]$ 上取值，且概率密度为：

$$f(x)=\begin{cases}\dfrac{1}{b-a}, & a\leqslant x\leqslant b\\ 0, & \text{其他}\end{cases} \tag{8.19}$$

则称随机变量 X 在 $[a,b]$ 上服从**均匀分布**，记为 $X\sim U[a,b]$，它的累积分布函数为

$$F(x)=\begin{cases}0, & x<a\\ \dfrac{x-a}{b-a}, & a\leqslant x<b\\ 1, & x\geqslant b\end{cases} \tag{8.20}$$

① 巴特·K. 霍兰：《机会的概率有多大》，暨南大学出版社 2005 年版，第 109 页。

均匀分布的概率密度函数及累积分布函数的图形如图8.6、图8.7所示。

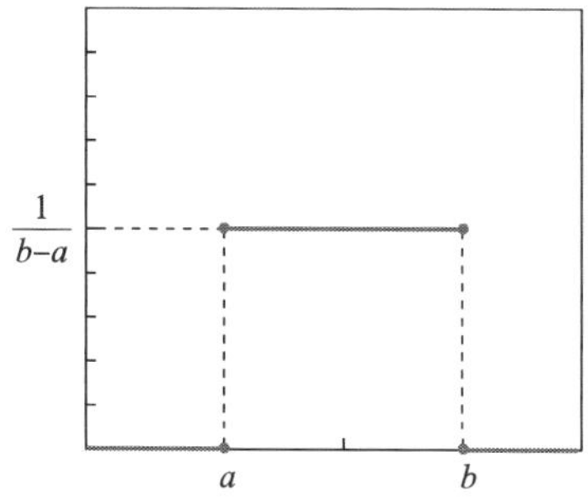

图8.6 均匀分布的概率密度函数图形

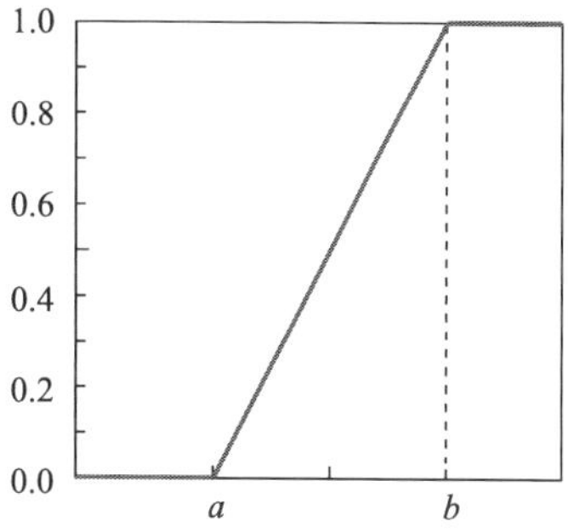

图8.7 均匀分布的累积分布函数图形

均匀分布常见于四舍五入或读取刻度时产生的误差、乘客等待公共汽车（固定发车间隔且运行平稳）的时间等。

（2）指数分布（exponential distribution）

定义8.8 设随机变量 X 的概率密度为：

$$f(x)=\begin{cases}\lambda e^{-\lambda x}, & x>0\\ 0, & \text{其他}\end{cases} \tag{8.21}$$

其中 $\lambda>0$ 为常数，则称随机变量 X 服从参数为 λ 的**指数分布**，记为 $X\sim E(\lambda)$。它的累积分布函数为

$$F(x)=\begin{cases}1-e^{-\lambda x}, & x>0\\ 0, & \text{其他}\end{cases} \tag{8.22}$$

指数分布的概率密度函数及累积分布函数的图形如图8.8、图8.9所示。

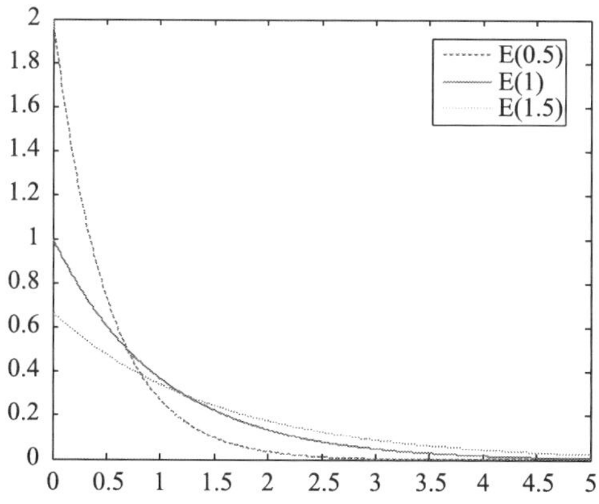

图8.8 指数分布的概率密度函数图形

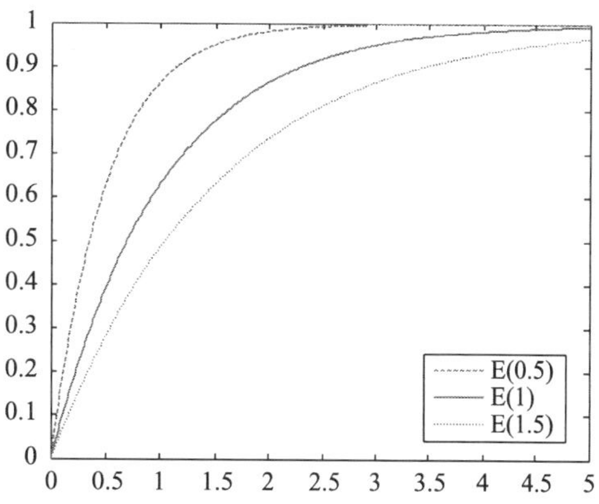

图8.9 指数分布的累积分布函数图形

指数分布可以用来表示独立随机事件发生的时间间隔（如旅客进机场的时间间隔）或随机服务中（如到银行取款、到售票处购票）顾客等待的时间间隔、电子元件的寿命等。指数分布的参数 λ 常被称为**率参数**（rate parameter），其倒数是单位时间（或单位面积）内随机事件的平均发生率。

指数**分布**的一个重要特征是**无记忆性**（Memoryless Property，又称**遗失记忆性**）。意思是如果一个随机变量 X 呈指数分布，它的条件概率遵循：

$$P(X>t)=P(X>s+t\mid X>s)$$

假如某种元件的寿命服从指数分布，无记忆性的含义是指元件使用 t 小时以上的概率与元件已经使用了 s 小时的条件下再使用 t 小时以上的概率相等。也就是之前使用的 s 小时没有影响继续使用的概率，因此指数分布的这一性质也被戏称为指数分布是“永远年轻”的。

（3）正态分布（normal distribution）

定义 8.9 设随机变量 X 的概率密度为：

$$f(x)=\frac{1}{\sqrt{2\pi}\sigma}e^{-\frac{(x-\mu)^2}{2\sigma^2}},\qquad -\infty<x<+\infty \tag{8.23}$$

其中 $\mu\in R$，$\sigma>0$ 为常数，则称随机变量 X 服从参数为 μ 和 σ^2 的**正态分布**，又名**高斯分布**（Gaussian distribution），记为 $X\sim N(\mu,\sigma^2)$。它的累积分布函数为

$$F(x)=\int_{-\infty}^{x}\frac{1}{\sqrt{2\pi}\sigma}e^{-\frac{(t-\mu)^2}{2\sigma^2}}dt \tag{8.24}$$

正态分布的概率密度函数及累积分布函数的图形如图 8.10、图 8.11 所示。

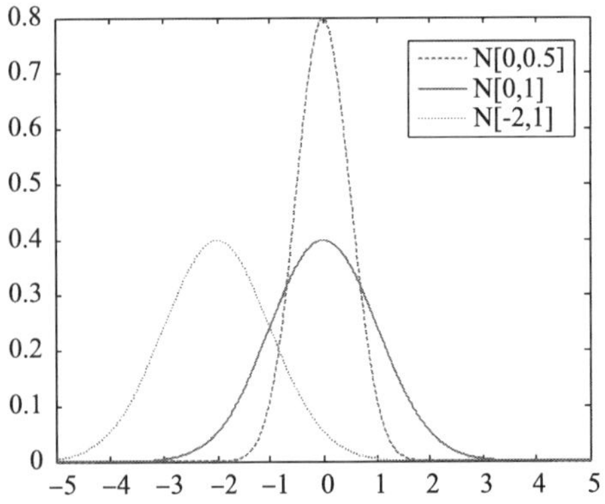

图 8.10 正态分布的概率密度函数图形

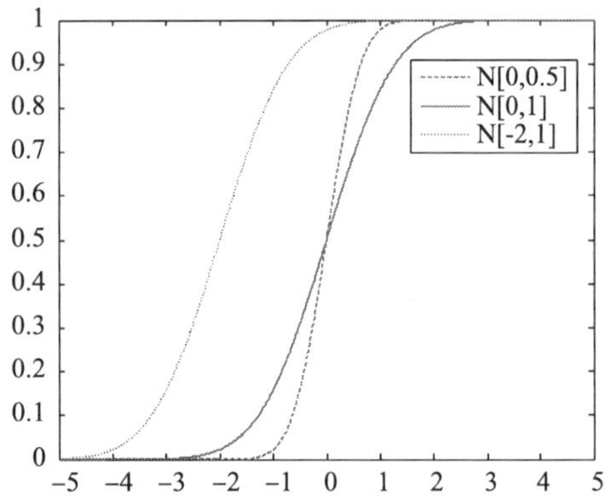

图 8.11 正态分布的累积分布函数图形

由图 8.10 可见，正态分布的概率密度函数曲线关于直线 $x=\mu$ 对称，并在 $x=\mu$ 处达到最大值 $f_{\max}=1/\sqrt{2\pi\sigma^2}$；在 $x=\mu\pm\sigma$ 处有拐点；当 $x\to\pm\infty$，曲线以 x 轴为渐近线。整体上正态分布的概率密度函数曲线呈钟形，因此人们又经常称之为**钟形曲线**。

同样是在图 8.10 中，我们可以看到对正态分布 $N(\mu,\sigma^2)$，若改变参数 μ 的值而 σ 固定不变，则曲线沿 x 轴平行移动而形状不变；若 μ 的值固定，当 σ 的值减小时，曲线将变得陡峭，形似尖塔，反之，当 σ 的值增大时，曲线将趋于平坦。可见正态分布的参数 μ 决定了分布的位置，称为正态分布的**位置参数**，参数 σ 决定了分布的幅度，称为正态分布的**尺度参数**。

正态分布是概率论中最重要的分布之一，之所以被称为高斯分布是因为德国杰出的数学家和天文学家卡尔·弗里德里希·高斯在观测天体时，发现偏差出现的方式服从正态分布曲线。事实上受多种微小因素综合影响的随机现象通常服从正态分布。理论上可以证明如果把许多小作用加起来看做一个变量，那么这个变量服从或近似服从正态分布。如人的身高或体重、学生的成绩、某地区的降雨量等。

正态分布的应用很多，一个有趣的例子来自法国数学家 Jules Henri Poincaré，他用正态

分布证明了他被当地面包房欺骗的情况。Poincaré 习惯每天买一条重量为1千克的面包，他知道面包的平均重量为1千克，如果一次分量不够不能证明是有意欺骗，因为下一次面包可能会稍重一点点。因此，他将一年中所买的面包一一过秤，发现了一个平均重量为0.95千克的正态分布。于是他投诉了面包商。第二年的数据显示面包商继续欺骗了他。因为数据同样是单峰的，平均重量为0.95千克，不同的是分布不是对称的。分布区域的右边与上次相同，但左边的曲线所有削弱，在高度和长度上均比上次短。这说明面包商对他的投诉只在一个方面作了变化：总卖给他最大的面包。当警察造访面包店时，面包商对 Poincaré 居然还意识到投诉有效而感到惊讶①。

计算服从正态分布 $N(\mu,\sigma^2)$ 的随机变量 X 落在区间 (a,b) 内的概率，由式（8.8）我们有

$$P(a<X<b)=\int_a^b \frac{1}{\sqrt{2\pi}\sigma}e^{-\frac{(x-\mu)^2}{2\sigma^2}}dx$$

如果置换变量$\frac{x-\mu}{\sigma}=t$，则得到

$$P(a<X<b)=\int_{\frac{a-\mu}{\sigma}}^{\frac{b-\mu}{\sigma}} \frac{1}{\sqrt{2\pi}}e^{-\frac{t^2}{2}}dt$$

为了计算上式右端的积分，我们引进函数

$$\Phi(x)=\int_{-\infty}^{x} \frac{1}{\sqrt{2\pi}}e^{-\frac{t^2}{2}}dt$$

则得

$$P(a<X<b)=\Phi\left(\frac{b-\mu}{\sigma}\right)-\Phi\left(\frac{a-\mu}{\sigma}\right) \tag{8.25}$$

式（8.25）说明服从正态分布 $N(\mu,\sigma^2)$ 的随机变量 X 取值在区间 (a,b) 内的概率等于函数 $\Phi(x)$ 在$\frac{b-\mu}{\sigma}$与$\frac{a-\mu}{\sigma}$两点处取值之差，可见函数 $\Phi(x)$ 的取值对于正态分布的概率计算非常重要。因此我们将 $\Phi(x)$ 的取值绘制成附表2，那么正态分布随机变量的概率可以通过查表得到。为了更好地应用该表格，我们进一步研究函数 $\Phi(x)$ 的性质。

通常我们将 $\mu=0$，$\sigma=1$ 时的正态分布，即正态分布 $N(0,1)$ 称为**标准正态分布**，则其概率密度函数记为

$$\phi(x)\triangleq\frac{1}{\sqrt{2\pi}}e^{-\frac{x^2}{2}},\quad -\infty<x<+\infty$$

显然上面引进的函数 $\Phi(x)$ 就是标准正态分布的累积分布函数，其具有如下性质：

性质1（概率中点）$\Phi(0)=0.5$

性质2（概率端点）$\Phi(-\infty)=0$，$\Phi(+\infty)=1$

性质3（概率对称点）$\Phi(-x)=1-\Phi(x)$

注意到性质3以及附表2中只有函数 $\Phi(x)$ 在正半轴上的取值，因此当需要计算 $\Phi(x)$ 在负半轴的取值时，我们可以通过查表先找到正半轴对称点处的函数值，再应用性质3计算

① 巴特·K.霍兰：《机会的概率有多大》，暨南大学出版社2005年版，第55页。

得到。

例 8.5 设面包房出售的面包重量 X 服从正态分布 $N(1000,225)$，求：

①任选一个面包，其重量小于 950 克的概率；

②任选一个面包，其重量与标准重量相差不超过 15 克的概率；

③任选一个面包，其重量小于多少的概率为 0.05。

解：①所求概率为 $P(X<950)$，由式（8.25）得：

$$P(X<950)=\Phi(\frac{950-1000}{15})-\Phi(-\infty)$$

由 $\Phi(x)$ 的性质 2 及性质 3 得：

$$P(X<950)=\Phi(-3.33)=1-\Phi(3.33)$$

查附录二表栏中数值 3.33，得概率 $\Phi(3.33)\approx0.9995$，因此所求概率 $P(X<950)\approx0.0005$。

②所求概率为 $P(|X-1000|\leqslant15)$，有

$$\begin{aligned}P(|X-1000|\leqslant15)&=P(9985\leqslant X\leqslant1015)\\&=\Phi(\frac{1015-1000}{15})-\Phi(\frac{9985-1000}{15})\\&=\Phi(1)-\Phi(-1)=\Phi(1)-[1-\Phi(1)]=2\Phi(1)-1\end{aligned}$$

查附录二表栏中数值 1，得概率 $\Phi(1)=0.8413$，因此所求概率 $P(|X-1000|\leqslant15)=0.6826$。

③按题意，求常数 C，使之满足 $P(X<C)=0.05$，即 $\Phi(\frac{C-1000}{15})=0.05$，查附表 2 中概率 0.95，得数值 1.65，$\Phi(1.65)=0.95$，因此由性质 3，得 $\Phi(-1.65)=0.05$，则有

$$\frac{C-1000}{15}=-1.65$$

解得：$C=975.25$

习 题 八

1. 设 X 为随机变量，且 $P(X=k)=\frac{1}{2^k}$ $(k=1,2,\cdots)$，请判断上面的式子是否为 X 的概率分布？

2. 设一次试验成功的概率为 $p(0<p<1)$，不断进行重复试验，直到首次成功为止。用随机变量 X 表示试验的次数，求 X 的概率分布。

3. 设自动生产线在调整以后出现废品的概率为 $p=0.1$，当生产过程中出现废品时立即进行调整，X 代表在两次调整之间生产的合格品数，试求：

（1）X 的概率分布

（2）$P(X\geqslant5)$

4. 一张考卷上有 5 道选择题，每道题列出 4 个可能答案，其中有 1 个答案是正确的。

求某学生靠猜测能答对至少 4 道题的概率是多少？

5. 为了保证设备正常工作，需要配备适当数量的维修人员。根据经验每台设备发生故障的概率为 0.01，各台设备工作情况相互独立。则若由 1 人负责维修 20 台设备，求设备发生故障后不能及时维修的概率？

6. 设随机变量 X 服从参数为 λ 的 Poisson（泊松）分布，且 $P(X=0)=\frac{1}{2}$，求：

（1）λ　　（2）$P(X>1)$

7. 设书籍上每页的印刷错误的个数 X 服从 Poisson（泊松）分布。经统计发现在某本书上，有一个印刷错误与有两个印刷错误的概率相同，求任意检验 4 页，每页上都没有印刷错误的概率。

8. 在长度为 t 的时间间隔内，某急救中心收到紧急呼救的次数 X 服从参数为 $\frac{t}{2}$ 的 Poisson（泊松）分布，而与时间间隔的起点无关（时间以小时计）。求：

（1）某一天从中午 12 时至下午 3 时没有收到紧急呼救的概率；

（2）某一天从中午 12 时至下午 5 时收到 1 次紧急呼救的概率。

9. 已知 X 的概率分布为：

X	-2	-1	0	1	2	3
P	$2a$	$\frac{1}{10}$	$3a$	a	a	$2a$

试求 a。

10. 设连续型随机变量 X 的概率密度曲线如下图所示：

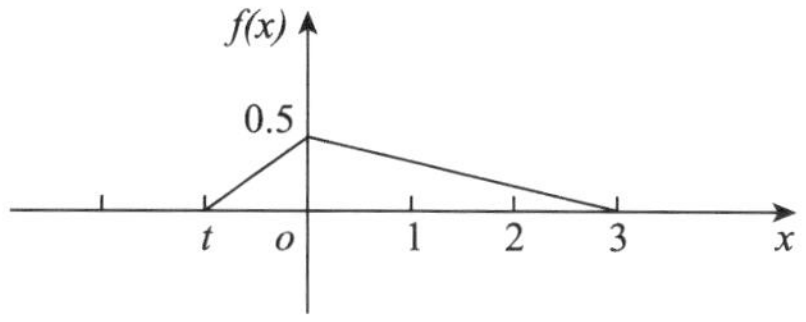

试求：（1）t 的值　　（2）X 的概率密度　　（3）$P(-2<X\leqslant 2)$

11. 设连续型随机变量 X 的概率密度为：

$$f(x)=\begin{cases}\sin x, & 0\leqslant x\leqslant a\\ 0, & \text{其他}\end{cases}$$

试确定常数 a 并求 $P(X>\frac{\pi}{6})$。

12. 设连续型随机变量 X 的概率密度为：

$$f(x)=\begin{cases}2x, & 0\leqslant x\leqslant 1\\ 0, & \text{其他}\end{cases}$$

以 Y 表示对 X 的三次独立重复试验中“$X\leqslant\frac{1}{2}$”出现的次数，试求概率 $P(Y=2)$。

13. 设随机变量 X 服从［1，5］上的均匀分布，试求 $P(x_1<X<x_2)$。如果是以下情况呢？

（1） $x_1<1<x_2<5$ （2） $1<x_1<5<x_2$

14. 设顾客排队等待服务的时间 X（以分计）服从 $\lambda=\frac{1}{5}$ 的指数分布。某顾客等待服务，若超过 10 分钟，他就离开。他一个月要去等待服务 5 次，以 Y 表示一个月内他未等到服务而离开的次数，试求 Y 的概率分布和 $P(Y\geqslant 1)$。

15. 已知随机变量 X 的概率分布为 $P(X=1)=0.2$，$P(X=2)=0.3$，$P(X=3)=0.5$，试求：X 的分布函数；$P(0.5\leqslant X\leqslant 2)$；画出 $F(x)$ 的曲线。

16. 设连续型随机变量 X 的分布函数为

$$F(x)=\begin{cases}0, & x<-1\\ 0.4, & -1\leqslant x<1\\ 0.8, & 1\leqslant x<3\\ 1, & x\geqslant 3\end{cases}$$

试求：（1） X 的概率分布； （2） $P(X<2\mid X\neq 1)$。

17. 从家到学校的途中有 3 个交通岗，假设在各个交通岗遇到红灯的概率是相互独立的，且概率均是 0.4，设 X 为途中遇到红灯的次数，试求 X 的概率分布。

18. 设连续型随机变量 X 的分布函数为

$$F(x)=\begin{cases}A+Be^{-2x}, & x>0\\ 0, & x\leqslant 0\end{cases}$$

试求：（1） A、B 的值；（2） $P(-1<X<1)$；（3） 概率密度函数 $f(x)$。

19. 假设某地在任何长为 t（年）的时间间隔内发生地震的次数 $N(t)$ 服从参数为 $\lambda=0.1$ 的 Poisson（泊松）分布，X 表示连续两次地震之间相隔的时间（单位：年），试求：

（1） 证明 X 服从指数分布并求出 X 的分布函数；

（2） 今后 3 年内再次发生地震的概率；

（3） 今后 3 年到 5 年内再次发生地震的概率。

20. 设 $X\sim N(-1,16)$，试计算：（1） $P(X<2.44)$ （2） $P(X>-1.5)$ （3） $P(|X|<4)$ （4） $P(|X-1|>1)$

21. 某科统考成绩 X 近似服从正态分布 $N(70,10^2)$，第 100 名的成绩为 60 分，问第 20 名的成绩约为多少分？

第9章

随机变量的数字特征

前面论述了随机变量的分布函数，我们看到分布函数能够完整地描述随机变量的统计特性。但在一些实际应用中，这样的“全面描述”并不让人觉得方便，因为有时我们只需要知道随机变量的某些特征，而不需要求出它的分布函数。例如，检查一批元件的寿命时，既需要注意元件的平均寿命，又需要注意元件寿命与平均寿命的偏离程度，平均寿命较大，偏离程度较小，质量就较好。由此我们看到，与随机变量有关的某些数值，虽然不能完整地描述随机变量，但能描述随机变量在某些方面的重要特征。这些数字特征在理论和实践上都具有重要的意义。本章将介绍随机变量的两个常用的数字特征：数学期望和方差。

§9.1 数学期望

数学期望是随机变量最基本而重要的数字特征。本节讨论数学期望的定义和性质。梅尔向数学家巴斯卡请教一个著名的分赌本的问题：“两个赌徒相约赌若干局，谁先赢 s 局就算赢。在一人赢 $a(a<s)$ 局，另一人赢 $b(b<s)$ 局时，赌博中止。问赌本应怎样分才合理。”1654 年 7 月 30 日，巴斯卡将自己的解法写信告诉数学家费尔玛，后来惠更斯参加了他们的讨论，并将解法写进了他的著作《论赌博中的计算》，这是最早的概率论论著。他们的计算中都蕴含按赢得整局赌博的概率的比例来分赌本的思想，即朴素的数学期望的思想。

9.1.1 随机变量的数学期望

先看一个简单的例子，设有 10 位同学参加了测验，其中 3 人 100 分，4 人 90 分，2 人 85 分，1 人 80 分，求他们的平均成绩。平均成绩等于总成绩除以总人数：

$$\frac{100\times3+90\times4+85\times2+80\times1}{10}=100\times\frac{3}{10}+90\times\frac{2}{5}+85\times\frac{1}{5}+80\times\frac{1}{10}$$

等式的右边告诉我们，如果知道每一个分数（100，90，85，80）在总人数中所占的百分比（$\frac{3}{10},\frac{2}{5},\frac{1}{5},\frac{1}{10}$），就可以直接用各分数值乘以其百分比，求和得到平均值。在第 6 章中讨论关于频率和概率的关系时，我们知道理论上应该用概率来代替频率，这时得到的平均值才是理论上的（也是真的）平均值，这个平均值称为数学期望或简称为期望（或均值）。我们可以定义如下：

定义 9.1 ①设离散型随机变量 X 的分布律是 $P\{X=k\}=p_k$，$k=1,2,\cdots$，称级数 $\sum_{k=1}^{\infty} x_k p_k$ ① 为随机变量 X 的数学期望，记为 $E(X)$或 EX，即：$E(X)=\sum_{k=1}^{\infty} x_k p_k$

②设连续型随机变量 X 的概率密度为 $f(x)$，称积分 $\int_{-\infty}^{+\infty} xf(x)dx$ ②为 X 的数学期望，记为 $E(X)$或 EX，即：$E(X)=\int_{-\infty}^{+\infty} xf(x)dx$

应该指出的是数学期望简称期望，又称均值。

例 9.1 甲、乙两人进行打靶，所得分数分别记为 X_1，X_2，它们的分布律分别如表 9.1、表 9.2 所示。

表 9.1　　甲的分数

X_1	0	1	2
p_k	0	0.2	0.8

表 9.2　　乙的分数

X_2	0	1	2
p_k	0.6	0.3	0.1

试评定他们成绩的好坏。

解：$E(X_1)=0\times 0+1\times 0.2+2\times 0.8=1.8$（分）

$E(X_2)=0\times 0.6+1\times 0.3+2\times 0.1=0.5$（分）

所以，甲的射击成绩比乙的好。

例 9.2 设随机变量 X 的概率密度 $f(x)=\begin{cases}\dfrac{20000}{x^2}, x>100\\ 0, \quad 其他\end{cases}$，求随机变量 X 的数学期望。

解：$E(X)=\int_{100}^{+\infty} x\dfrac{20000}{x^2}dx = -20000\cdot x^{-1}\Big|_{100}^{+\infty} = 200$

随机变量的数学期望是一个数，它刻画了随机变量的“位置”特征，随机变量是以期望为“中心”随机取值的。知道了随机变量的分布就可以求得它的数学期望，但是仅知道随机变量的数学期望无法确定其分布。

9.1.2 随机变量函数的数学期望

我们经常需要求随机变量函数的数学期望，在不用求出随机变量函数的分布的前提下，我们可以通过下面的定理来求之：

---

① 定义中应要求 $\sum_{k=1}^{\infty} x_k p_k$ 绝对收敛。但此处为了便于读者理解，编者忽略此条件，有兴趣的同学可以参考数学专业书籍。

② 定义中应要求 $\int_{-\infty}^{+\infty} xf(x)dx$ 绝对收敛，但此处为了便于读者理解，编者忽略此条件，有兴趣的同学可以参考数学专业书籍。

定理 9.1　设 Y 是随机变量 X 的函数：$Y=g(X)$（g 连续）

①X 是离散型随机变量，其分布律 $P\{X=x_k\}=p_k$，$k=1,2,\cdots$，若和 $\sum_{k=1}^{\infty} g(x_k)p_k$ 存在，则：$E(Y)=E(g(X))=\sum_{k=1}^{\infty} g(x_k)f(x_k)$

②X 是连续型随机变量，其概率密度为 $f(x)$，若积分 $\int_{-\infty}^{+\infty} g(x)f(x)dx$ 存在，则有：$E(Y)=E(g(X))=\int_{-\infty}^{+\infty} g(x)f(x)dx$

定理的重要意义在于当求随机变量函数的数学期望时，不需要事先求出随机变量函数的概率分布，而只需要利用随机变量的概率分布就可以了。

例 9.3　设随机变量 X 的分布律为：

X	-2	-1	0	1	3
P	$\frac{1}{5}$	$\frac{1}{6}$	$\frac{1}{5}$	$\frac{1}{15}$	$\frac{11}{30}$

求 $Y=X^2$ 的数学期望。

解：$EY=(-2)^2\times\frac{1}{5}+(-1)^2\times\frac{1}{6}+0\times\frac{1}{5}+1^2\times\frac{1}{15}+3^2\times\frac{11}{30}=\frac{13}{3}$

例 9.4　设风速 V 在 $(0,a)$ 上服从均匀分布，具有概率密度

$$f(v)=\begin{cases}\frac{1}{a}, & 0<v<a\\ 0, & \text{其他}\end{cases}$$

又设飞机机翼受到的正压力 W 是 V 的函数：$W=kV^2$（$k>0$，常数），求 W 的数学期望。

解：$E(W)=\int_{-\infty}^{+\infty} kv^2 f(v)dv=\int_0^a kv^2\frac{1}{a}dv=\frac{1}{3}ka^2$

9.1.3　数学期望的性质

设 X,Y 是两个随机变量，且 $E(X)$、$E(Y)$ 均存在，则数学期望具有下列性质：

①设 c 是常数，则 $E(c)=c$

②设 c 是常数，则 $E(cX)=cE(X)$

③设 X、Y 是两个随机变量，则 $E(X+Y)=E(X)+E(Y)$

例 9.5　设 X、Y 是两个随机变量，且 $E(X)=1,E(Y)=0$，求 $E(X+2Y+1)$。

解：$E(X+2Y+1)=E(X)+2E(Y)+1=2$

例 9.6　设连续型随机变量 X 的概率密度为 $f(x)=\begin{cases}ax, & 0<x<2\\ cx+b, & 2\leqslant x<4\\ 0, & \text{其他}\end{cases}$，已知 $E(X)=2$，$P\{1<X<3\}=\frac{3}{4}$，求：

①a、b、c；②$E(e^X)$。

解： ①由 $\int_{-\infty}^{+\infty} f(x)dx=1$ 得到 $\int_{-\infty}^{+\infty} f(x)dx=\int_0^2 axdx+\int_2^4 (cx+b)dx=1$

即 $2a+2b+6c=1$

由 $E(X)=2$ 得 $E(X)=\int_{-\infty}^{+\infty} xf(x)dx=\int_0^2 ax^2dx+\int_2^4 x(cx+b)dx=2$

即 $\frac{8a}{3}+6b+\frac{56c}{3}=2$

由 $P\{1<X<3\}=\frac{3}{4}$得 $\int_1^2 ax^2dx+\int_2^3 x(cx+b)dx=\frac{3}{4}$

即 $\frac{3a}{2}+b+\frac{5c}{2}=\frac{3}{4}$

联立方程得到 $a=\frac{1}{4},b=1,c=-\frac{1}{4}$

②$E(e^X)==\int_{-\infty}^{+\infty} e^x f(x)dx=\int_0^2 e^x\frac{x}{4}dx+\int_2^4 e^x(1-\frac{x}{4})dx=2\frac{1}{4}(e^2-1)^2$

§9.2 方 差

9.2.1 方差的概念

我们知道数学期望反映了随机变量的平均值，然而在许多实际问题中，仅仅知道平均值是不够的，数学期望存在一定的局限性。比如在检查一批棉花的质量时，既需要注意纤维的平均长度，又需要注意纤维长度与平均长度的偏离程度，平均长度较大，偏离程度较小，质量就较好。由此可见，研究随机变量与其均值的偏离程度是十分必要的。那么，我们怎样来度量这个偏离程度呢？容易看到 $E\{|X-E(X)|\}$能度量随机变量与其均值的偏离程度。但是一般对绝对值的运算是不方便的，通常就用 $E\{[X-E(X)]^2\}$来度量随机变量与其均值的偏离程度。

定义 9.2 设 X 是随机变量，若 $E\{[X-E(X)]^2\}$存在，则称 $E\{[X-E(X)]^2\}$为 X 的方差，记为 $D(X)$或 $Var(X)$，即：

$$D(X)=Var(X)=E\{[X-E(X)]^2\}$$

称 $\sigma(X)=\sqrt{D(X)}$为 X 的标准差或均方差。

应该指出的是 $D(X)$刻画了 X 取值的分散程度，而其实质上就是$[X-E(X)]^2$ 的期望。事实上，

$$\begin{aligned}D(X)&=E\{[X-E(X)]^2\}=E\{X^2-2E(X)X+[E(X)]^2\}\\&=E(X^2)-2E(X)E(X)+[E(X)]^2=E(X^2)-[E(X)]^2\end{aligned}$$

于是我们得到 $D(X)=E(X^2)-[E(X)]^2$，常用此公式来计算随机变量的方差或标准差。

例 9.7 三人射击，设随机变量 X、Y、Z 分别表示甲、乙、丙三人的命中环数。已知

X	8	9	10	Y	8	9	10	Z	8	9	10
p_k	0.1	0.8	0.1	p_k	0.4	0.2	0.4	p_k	0.2	0.6	0.2

甲、乙、丙三人谁的射击水平比较好?

解: 首先考虑射手射击的平均水平: $EX = 0.8 + 7.2 + 1 = 9$, 同理 $EY = 9, EZ = 9$。

从平均水平看三人射击水平不相上下。

下面考虑射手射击水平的稳定性: $EX^2 = 8^2 \times 0.1 + 9^2 \times 0.8 + 10^2 \times 0.1 = 81.2$

所以 $DX = EX^2 - (EX)^2 = 0.2$

由 $EY^2 = 8^2 \times 0.4 + 9^2 \times 0.2 + 10^2 \times 0.4 = 81.8$, 所以: $DY = EY^2 - (EY)^2 = 0.8$

由 $EZ^2 = 8^2 \times 0.2 + 9^2 \times 0.6 + 10^2 \times 0.2 = 81.4$,所以: $DZ = EZ^2 - (EZ)^2 = 0.4$

从稳定性上说, 甲更加稳定, 所以综合平均水平和稳定性, 可以认为甲的射击水平更好。

例 9.8　已知 $E(X) = 3$, $D(X) = 5$, 求 $E[(X+2)^2]$。

解:
$$\begin{aligned} E[(X+2)^2] &= E(X^2 + 4X + 4) = E(X^2) + 4E(X) + 4 \\ &= \{D(X) + [E(X)]^2\} + 4E(X) + 4 \\ &= (5 + 3^2) + 4 \times 3 + 4 = 30 \end{aligned}$$

9.2.2　方差的性质

设 X、Y 是两个随机变量, 则方差具有如下性质:

①设 c 是常数, 则 $D(c) = 0$;

②设 c 是常数, $D(cX) = c^2 D(X)$;

证明:

①$D(c) = 0 = E\{[c - E(c)]^2\} = E(0) = 0$

②$D(cX) = E\{[cX - E(cX)]^2\} = E\{c^2 [X - E(X)]^2\} = c^2 \cdot D(X)$

例 9.9　设随机变量 X 服从$(0 \sim 1)$分布, 其分布律为:

$$P\{X=0\} = 1 - p,\quad P\{X=1\} = p$$

求 $D(X)$。

解: $E(X) = 0 \times (1-p) + 1 \times p = p$, $E(X^2) = 0^2 \times (1-p) + 1^2 \times p = p$

$D(X) = E(X^2) - [E(X)]^2 = p - p^2 = p(1-p)$

例 9.10　设离散型随机变量 X 只取 x_1, x_2 ($x_1 < x_2$) 两个值, $P\{X = x_1\} = 0.6$, $E(X) = 1.4$, $D(X) = 0.24$, 求 X 的分布律。

解: $E(X) = 0.6x_1 + 0.4x_2 = 1.4$

$D(X) = E(X^2) - [E(X)]^2 = 0.6x_1^2 + 0.4x_2^2 - 1.4^2 = 0.24$

解得 $\begin{cases} x_1 = 1 \\ x_2 = 2 \end{cases}$或$\begin{cases} x_1 = 1.8 \\ x_2 = 0.8 \end{cases}$, 其中$\begin{cases} x_1 = 1.8 \\ x_2 = 0.8 \end{cases}$不满足 $x_1 < x_2$ 舍去。因此 X 的分布律为:

X	1	2
p_k	0.6	0.4

例 9.11　设连续型随机变量 X 的分布函数

$F(x) = \begin{cases} 0, & x < -1 \\ a + b\arcsin x, & -1 \leqslant x < 1 \\ 1, & x \geqslant 1 \end{cases}$, 确定常数 a、b, 并求 $E(X)$与 $D(X)$。

解: 因为连续型随机变量的分布函数连续, 所以

$\lim\limits_{x\to(-1)^+}F(x)=\lim\limits_{x\to(-1)^-}F(x)=0$，$\lim\limits_{x\to1^+}F(x)=\lim\limits_{x\to1^-}F(x)=1$，即 $\begin{cases}a-\dfrac{\pi}{2}b=0\\a+\dfrac{\pi}{2}b=1\end{cases}$

解得 $\begin{cases}a=\dfrac{1}{2}\\b=\dfrac{1}{\pi}\end{cases}$，$F'(x)=f(x)$，所以 $f(x)=\begin{cases}\dfrac{1}{\pi\sqrt{1-x^2}}, & |x|<1\\0, & \text{其他}\end{cases}$

$$E(X)=\frac{1}{\pi}\int_{-1}^{1}x\frac{1}{\sqrt{1-x^2}}dx=0$$

$$D(X)=E(X^2)-[E(X)]^2=E(X^2)=\frac{1}{\pi}\int_{-1}^{1}\frac{x^2}{\sqrt{1-x^2}}dx=\frac{1}{2\pi}\int_{-\frac{\pi}{2}}^{\frac{\pi}{2}}(1-\cos2t)dt=\frac{1}{2}$$

§9.3 几种重要随机变量的数学期望与方差

9.3.1 常见的离散型随机变量的数学期望与方差

（1）两点分布

设随机变量 X 具有两点分布，其分布律为 $P\{X=0\}=1-p,P\{X=1\}=p$。则

$$E(X)=p,\ DX=p(1-p)$$

事实上，显然 $E(X)=p$，$E(X^2)=p$，所以：$D(X)=E(X^2)-(E(X))^2=p(1-p)$

（2）二项分布

设 $X\sim B(n,p)$，其概率分布为 $P\{X=k\}=C_n^kp^k(1-p)^{n-k}$，$k=0,1,2,\cdots,n$，$0<p<1$，则

$$E(X)=np,\ D(X)=np(1-p)$$

事实上，二项分布 $B(n,p)$ 是由 n 个独立①的两点分布构成的。如果 $X\sim B(n,p)$，则 $X=X_1+X_2+\cdots+X_n$，其中 $X_i(i=1,2,\cdots,n)$ 是服从两点分布。所以由两点分布的数学期望和方差有：$E(X)=np$，$D(X)=nD(X_i)=np(1-p)$

（3）泊松分布

设 $X\sim P(\lambda)$，$\lambda>0$，其概率分布为 $P\{X=k\}=\dfrac{\lambda^ke^{-\lambda}}{k!}$，$k=0,1,2,\cdots,n$，则

$$E(X)=D(X)=\lambda$$

事实上，$E(X)=\sum\limits_{k=0}^{\infty}k\dfrac{\lambda^ke^{-\lambda}}{k!}=\lambda e^{-\lambda}\sum\limits_{k=0}^{\infty}k\dfrac{\lambda^k}{k!}=\lambda e^{-\lambda}\sum\limits_{k=0}^{\infty}\dfrac{\lambda^k}{k!}=\lambda e^{-\lambda}\cdot e^{\lambda}=\lambda$

① 多个随机变量相互独立的定义及相关性质，有兴趣的同学可以参考浙江大学版概率论与数理统计教程。盛骤等编：《概率论与数理统计（第四版）》，浙江大学出版社 2008 年版。

$$E(X^2)=E[X(X-1)+X]=\sum_{k=0}^{\infty}k(k-1)\frac{\lambda^k e^{-\lambda}}{k!}+\lambda$$

$$=\sum_{k=2}^{\infty}\frac{\lambda^k e^{-\lambda}}{(k-2)!}+\lambda=\lambda^2 e^{-\lambda}\sum_{k=0}^{\infty}\frac{\lambda^k}{k!}+\lambda=\lambda^2 e^{-\lambda}\cdot e^{\lambda}+\lambda=\lambda^2+\lambda$$

$$D(X)=E(X^2)-[E(X)]^2=\lambda^2+\lambda-\lambda^2=\lambda$$

9.3.2　常见的连续型随机变量的数学期望与方差

（1）均匀分布

设随机变量 X 在区间 (a,b) 上服从均匀分布，$X\sim U(a,b)$，其概率密度为 $f(x)=\begin{cases}\frac{1}{b-a}, & a<x<b\\ 0, & 其他\end{cases}$，则：$E(X)=\frac{a+b}{2}$，$D(X)=\frac{(b-a)^2}{12}$

事实上，X 的数学期望为 $E(X)=\int_a^b x\frac{1}{b-a}dx=\frac{a+b}{2}$，即数学期望位于区间的中点。方差为：$D(X)=E(X^2)-[E(X)]^2=\int_a^b x^2\frac{1}{b-a}dx-\left(\frac{a+b}{2}\right)^2=\frac{(b-a)^2}{12}$

（2）指数分布

设随机变量 X 服从参数为 $\lambda>0$ 的指数分布，$X\sim E(\lambda)$，其概率密度为 $f(x)=\begin{cases}\lambda e^{-\lambda x}, & x>0\\ 0, & x\leqslant 0\end{cases}$，则：$E(X)=\frac{1}{\lambda}$，$D(X)=\frac{1}{\lambda^2}$

事实上，$E(X)=\int_0^{+\infty}x\lambda e^{-\lambda x}dx=-\int_0^{+\infty}xde^{-\lambda x}=-xe^{-\lambda x}\Big|_0^{+\infty}+\int_0^{+\infty}e^{-\lambda x}dx=\frac{1}{\lambda}$

同理 $E(X^2)=\int_0^{+\infty}x^2\lambda e^{-\lambda x}dx=\frac{2}{\lambda^2}$，$D(X)=E(X^2)-[E(X)]^2=\frac{1}{\lambda^2}$

（3）正态分布

设 X 服从参数为 μ,σ 的正态分布，$X\sim N(\mu,\sigma^2)$，其概率密度为：

$$f(x)=\frac{1}{\sqrt{2\pi}\sigma}e^{-\frac{(x-\mu)^2}{2\sigma^2}},\sigma>0,-\infty<x<+\infty$$

则：$E(X)=\mu$，$D(X)=\sigma^2$

$$事实上，E(X)=\int_{-\infty}^{+\infty}x\frac{1}{\sqrt{2\pi}\sigma}e^{-\frac{(x-\mu)^2}{2\sigma^2}}dx\overset{t=\frac{x-\mu}{\sigma}}{=}\frac{1}{\sqrt{2\pi}}\int_{-\infty}^{+\infty}(\sigma t+\mu)e^{-\frac{t^2}{2}}dt=\frac{\mu}{\sqrt{2\pi}}\int_{-\infty}^{+\infty}e^{-\frac{t^2}{2}}dt$$

$$=\frac{\mu}{\sqrt{2\pi}}\sqrt{2\pi}=\mu$$

$$D(X)=\int_{-\infty}^{+\infty}(x-\mu)^2\frac{1}{\sqrt{2\pi}\sigma}e^{-\frac{(x-\mu)^2}{2\sigma^2}}dx\overset{t=\frac{x-\mu}{\sigma}}{=}\frac{1}{\sqrt{2\pi}\sigma}\sigma^2\cdot\sigma\int_{-\infty}^{+\infty}t^2e^{-\frac{t^2}{2}}dt$$

$$=\frac{\sigma^2}{\sqrt{2\pi}}\left(-te^{-\frac{t^2}{2}}\Big|_{-\infty}^{+\infty}+\int_{-\infty}^{+\infty}e^{-\frac{t^2}{2}}dt\right)=0+\frac{\sigma^2}{\sqrt{2\pi}}\sqrt{2\pi}=\sigma^2$$

表9.1列出了常见的几种重要分布的数学期望与方差。

表 9.1　几种重要分布的数学期望与方差

分布	分布律或概率密度	数学期望	方差
(0～1)分布	$P(X=k)=p^kq^{1-k},\quad k=0,1$ $0<p<1,\ p+q=1$	p	pq
二项分布	$P(X=k)=C_n^kp^kq^{n-k},k=0,1,2,\cdots,n$ $0<p<1,\ p+q=1$	np	npq
泊松分布	$P(X=k)=\dfrac{\lambda^k}{k!}e^{-\lambda},\ k=0,1,2,\cdots,\lambda>0$	λ	λ
均匀分布	$f(x)=\begin{cases}\dfrac{1}{b-a}, & a<x<b\\ 0, & \text{其他}\end{cases}$	$\dfrac{a+b}{2}$	$\dfrac{(b-a)^2}{12}$
指数分布	$f(x)=\begin{cases}\lambda e^{-\lambda x}, & x>0\\ 0, & \text{其他}\end{cases}$，($\lambda>0$ 为参数)	$\dfrac{1}{\lambda}$	$\dfrac{1}{\lambda^2}$
正态分布	$f(x)=\dfrac{1}{\sqrt{2\pi}\sigma}e^{-\frac{(x-\mu)^2}{2\sigma^2}},\sigma>0,\ -\infty<x<+\infty$	μ	σ^2

习　题　九

1. 设随机变量 X 的分布律为：

X	1	0	1	2
P	1/8	1/2	1/8	1/4

求：$E(X),E(X^2),E(2X+3)$

2. 已知 100 个产品中有 10 个次品，求任意取出的 5 个产品中的次品数的数学期望、方差。

3. 设随机变量 X 的分布律为：

X	-1	0	1
P	P_1	P_2	P_3

且已知 $EX=0.1$，$EX^2=0.9$，求：P_1，P_2，P_3

4. 袋中有 N 只球，其中的白球数 X 为一随机变量，已知 $E(X)=n$，问从袋中任取 1 球为白球的概率是多少？

5. 设随机变量 X 的概率密度为

$$f(x)=\begin{cases}x, & 0\leqslant x<1\\ 2-x, & 1\leqslant x\leqslant 2\\ 0, & \text{其他}\end{cases}$$

求：$E(X),D(X)$

6. 设随机变量 X、Y、Z 相互独立，且 $E(X)=5, E(Y)=11, E(Z)=8$，求下列随机变量的数学期望：

（1）$U=2X+3Y+1$

（2）$V=YZ-4X$

7. 设随机变量 X、Y 相互独立，且 $E(X)=E(Y)=3, D(X)=12, D(Y)=16$，求：$E(3X-2Y), D(3X-2Y)$

8. 设随机变量 X 的概率密度为

$$f(x)=\begin{cases} cxe^{-k^2x^2}, & x\geqslant 0 \\ 0, & x<0 \end{cases}$$

求：（1）系数 c；（2）$E(X)$；（3）$D(X)$

9. 袋中有 12 个零件，其中 9 个合格品，3 个废品。安装机器时，从袋中一个一个地取出（取出后不放回），设在取出合格品之前已取出的废品数为随机变量 X，求 $E(X)$ 和 $D(X)$。

10. 一工厂生产某种设备的寿命 X（以年计）服从指数分布，概率密度为

$$f(x)=\begin{cases} \dfrac{1}{4}e^{-\frac{x}{4}}, & x>0 \\ 0, & x\leqslant 0 \end{cases}$$

为确保消费者的利益，工厂规定出售的设备若在一年内损坏可以调换。若售出一台设备，工厂获利 100 元，而调换一台则损失 200 元，试求工厂出售一台设备赢利的数学期望。

11. 设 $X_1,\ldots,X_n$ 是相互独立的随机变量，且有 $E(X_i)=\mu, D(X_i)=\sigma^2, i=1,\ldots,n$，记：$\bar{X}=\dfrac{1}{n}\sum\limits_{i=1}^{n}X_i, S^2=\dfrac{1}{n-1}\sum\limits_{i=1}^{n}(X_i-\bar{X})^2$

（1）验证 $E(\bar{X})=\mu$，$D(\bar{X})=\dfrac{\sigma^2}{n}$

（2）验证 $S^2=\dfrac{1}{n-1}\left(\sum\limits_{i=1}^{n}X_i^2-n\bar{X}^2\right)$

（3）验证 $E(S^2)=\sigma^2$

12. 假设由自动生产线加工的某种零件的内径 X（毫米）服从正态分布 $N(\mu,1)$，内径小于 10 或大于 12 为不合格品，其余为合格品。销售每件合格品获利，销售每件不合格品亏损，已知销售利润 T（单位：元）与销售零件的内径 X 有如下关系：

$$T=\begin{cases} -1, & 若\ X<10 \\ 20, & 若\ 10\leqslant X\leqslant 12 \\ -5, & 若\ X>12 \end{cases}$$

问：平均直径 μ 取何值时，销售一个零件的平均利润最大？

附： 概率论发展简史

概率论是一门既古老又年轻的学科。说它古老，是因为产生概率的重要因素——赌博已经存在了几千年，概率思想早在文明早期就已经开始萌芽了。而说它年轻，是因为它在18世纪以前的发展极为缓慢，人们把1654年帕斯卡（Pasac）和费马（Fomrat）之间的7封通信看作概率论的开端。一般认为，概率论的历史只有短短的300多年时间。虽然早期概率论的发展非常缓慢，但是18世纪以后，由于社会学、天文学等其他学科的研究需要，概率本身的理论得到了迅速发展，它的思想和方法也逐渐受到了其他学科的重视和借鉴。在当代，随着概率论本身的发展和学科之间的交叉融合，囊括了概率理论和统计理论两大部分的广义概率论已经成为一门应用非常广泛的学科，概率方法与统计方法逐渐渗透到了其他学科的研究工作当中。无论是在自然科学领域还是社会科学领域，各门学科中都能看到概率论的身影。概率论已经成为一种重要的工具，在社会发展中发挥着巨大的作用。

古希腊人从航海实践中发现了许多概率经验规律，古犹太人在纪元之初就有概率加法定律和乘法定律的应用记录。但是由于结果不确定的特点，人们一直认为随机现象好坏运气都由天神决定，其规则是不可想象的。能够刺激人们思考概率的事情很多，但最终孕育概率论的却是庸俗的骰子赌博。公元960年左右，怀特尔德大主教计算出掷三个骰子时不计次序所能出现的不同组合有56种。13世纪左右拉丁诗歌《维图拉》指出这56种组合出现的机会不是相同的：3枚骰子点数一样，每个点数只有一种方式；2枚骰子点数一样而另一枚不一样，则有3种方式；如果3枚都不一样就有6种方式。但是这些经验并没有引起更多的思考，机会的计算仍处于直觉的、散乱的经验水平上。

卡尔扎诺是一位医学博士，写过多部医学、数学等方面的著作。他认为赌博是一种社会病，也有理由作为可以医治的疾病来研究。在1564年，他集中了自己的智慧和赌博经验，用拉丁文写出著名的《论机会游戏》，揭示了赌博中的不确定性原理，成为概率论前史的重要人物。书中卡尔扎诺强调赌博的基本原则是同等条件，“如果它们有利于对手，那么你是傻瓜，如果有利于自己，那么你就不公平”。骰子应该是“诚实的”，几个诚实的骰子联合起来仍然是诚实的，下注应该根据这种诚实性。“诚实性”就是等可能思想，它的提出是卡尔扎诺的贡献之一，为理解和解决复杂的赌博问题提供了依据。由于该书只有很少部分讨论机会计算，其等可能思想来自赌博直觉，很多结论缺少有效推理。该书是在他死后87年才出版，此前惠更斯的《论赌博中的计算》已经刊世，这削弱了他应有的学术影响，所以后人多数不认为他是概率论的缔造者。

概率论的早期研究大约在16世纪到17世纪之间。梅尔向数学家巴斯卡们请教过一个著名的分赌本的问题：“两个赌徒相约赌若干局，谁先赢s局就算是赢。在一人赢$a(a<s)$局，另一人赢$b(b<s)$局，赌博中止。赌本应怎样分才合理?”1654年7月30日，巴斯卡将自己的解法写信告诉数学家费尔玛，后来惠更斯参加了他们的讨论，并将解法写进了他的著作《论赌博中的计算》，这就是公认的最早的概率论论著。

附录一　事件的关系和运算

设试验 E 的样本空间为 S，A、B、C 是试验的事件。下面给出事件之间关系和运算，并在右侧用图形表示：

（1）若 $B\subset A$，则称**事件 A 包含事件 B**，表示事件 A 发生必然导致事件 B 发生。

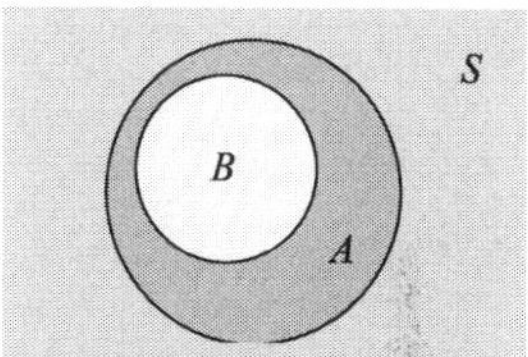

（2）若 $A\subset B$ 且 $B\subset A$，则称**事件 A 与 B 相等**，记为 $A=B$。

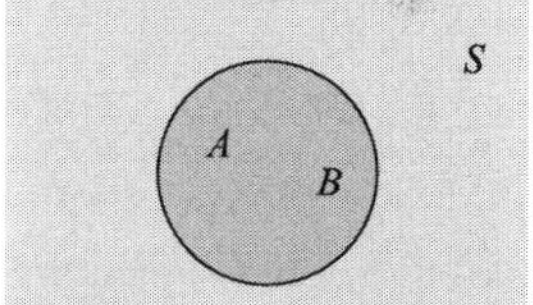

（3）事件 $A\cup B$，称为事件 A 与 B 的和事件，亦记为 $A+B$，表示事件 A 与 B 至少有一个发生。

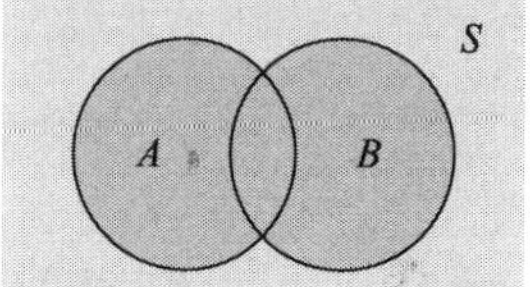

（4）事件 $A\cap B$，称为**事件 A 与 B 的积事件**，亦记为 AB，表示事件 A 与 B 都发生。

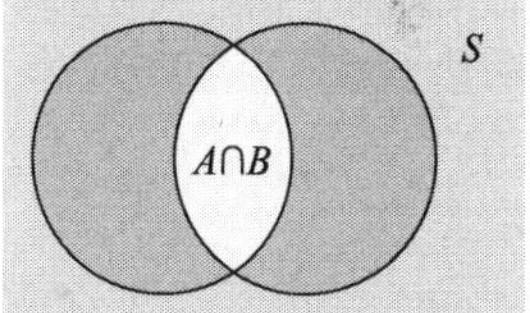

（5）事件 $A-B$，称为**事件 A 与 B 的差事件**，表示事件 A 发生而 B 不发生。

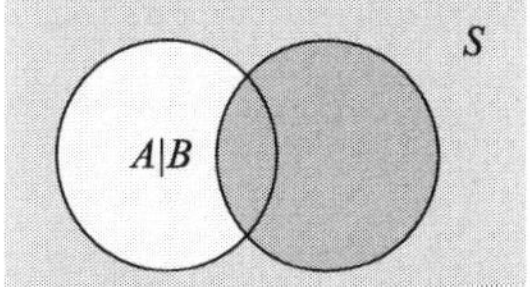

（6）若 $A\cap B=\varnothing$，则称**事件 A 与 B 互不相容或互斥**，记为 $A=B$。

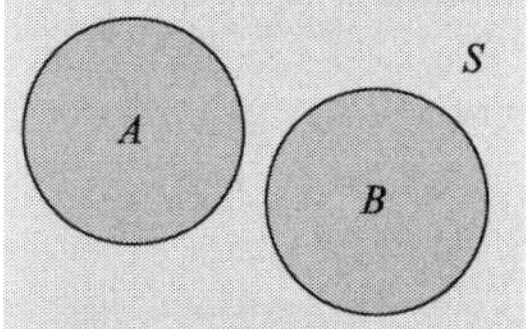

（7）事件 $\overline{A}$，称为事件 A 的对立事件或逆事件，表示 A 不发生。

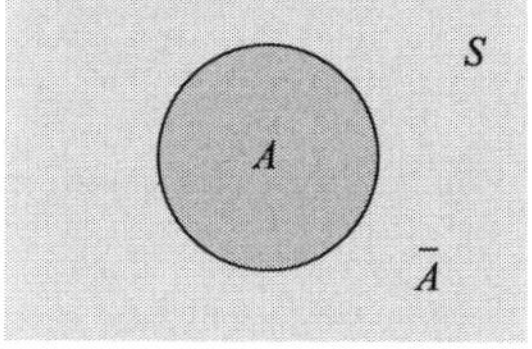

综上，事件之间的关系主要有包含关系、相等关系、互不相容关系和对立关系。事件之间的运算主要有和运算、差运算和积运算。在进行事件运算时还经常用到下面的定律：

（1）交换律：$A\cup B=B\cup A$，$A\cap B=B\cap A$

（2）结合律：$A\cup(B\cup C)=(A\cup B)\cup C$，$A\cap(B\cap C)=A\cap(B\cap C)$

（3）分配律：$A\cap(B\cup C)=(A\cap B)\cup(A\cap C)$，$A\cup(B\cap C)=(A\cup B)\cap(A\cup C)$

（4）差化积：$A-B=A\bar{B}$

（5）吸收律：若 $A\subset B$，则 $A\cup B=B$，$A\cap B=A$

（6）对偶律：$\overline{A\cup B}=\bar{A}\cap\bar{B}$，$\overline{A\cap B}=\bar{A}\cup\bar{B}$

附录二　正态分布累计函数表
标准正态分布表

$$\varphi(x)=\frac{1}{\sqrt{2\pi}}\int_{-\infty}^{x}e^{-\frac{t^2}{2}}dt$$

x	0.00	0.01	0.02	0.03	0.04	0.05	0.06	0.07	0.08	0.09
0.0	0.5000	0.5040	0.5080	0.5120	0.5160	0.5199	0.5239	0.5279	0.5319	0.5359
0.1	0.5398	0.5438	0.5478	0.5517	0.5557	0.5596	0.5636	0.5675	0.5714	0.5753
0.2	0.5793	0.5832	0.5871	0.5910	0.5948	0.5987	0.6026	0.6064	0.6103	0.6141
0.3	0.6179	0.6217	0.6255	0.6293	0.6331	0.6368	0.6406	0.6443	0.6480	0.6517
0.4	0.6554	0.6591	0.6628	0.6664	0.6700	0.6736	0.6772	0.6808	0.6844	0.6879
0.5	0.6915	0.6950	0.6985	0.7019	0.7054	0.7088	0.7123	0.7157	0.7190	0.7224
0.6	0.7257	0.7291	0.7324	0.7357	0.7389	0.7422	0.7454	0.7486	0.7517	0.7549
0.7	0.7580	0.7611	0.7642	0.7673	0.7703	0.7734	0.7764	0.7794	0.7823	0.7852
0.8	0.7881	0.7910	0.7939	0.7967	0.7995	0.8023	0.8051	0.8078	0.8106	0.8133
0.9	0.8159	0.8186	0.8212	0.8238	0.8264	0.8289	0.8315	0.8340	0.8365	0.8389
1.0	0.8413	0.8438	0.8461	0.8485	0.8508	0.8531	0.8554	0.8577	0.8599	0.8621
1.1	0.8643	0.8665	0.8686	0.8708	0.8729	0.8749	0.8770	0.8790	0.8810	0.8830
1.2	0.8849	0.8869	0.8888	0.8907	0.8925	0.8944	0.8962	0.8980	0.8997	0.9015
1.3	0.9032	0.9049	0.9066	0.9082	0.9099	0.9115	0.9131	0.9147	0.9162	0.9177
1.4	0.9192	0.9207	0.9222	0.9236	0.9251	0.9265	0.9278	0.9292	0.9306	0.9319
1.5	0.9332	0.9345	0.9357	0.9370	0.9382	0.9394	0.9406	0.9418	0.9430	0.9441
1.6	0.9452	0.9463	0.9474	0.9484	0.9495	0.9505	0.9515	0.9525	0.9535	0.9545
1.7	0.9554	0.9564	0.9573	0.9582	0.9591	0.9599	0.9608	0.9616	0.9625	0.9633
1.8	0.9641	0.9648	0.9656	0.9664	0.9671	0.9678	0.9686	0.9693	0.9700	0.9706
1.9	0.9713	0.9719	0.9726	0.9732	0.9738	0.9744	0.9750	0.9756	0.9762	0.9767
2.0	0.9772	0.9778	0.9783	0.9788	0.9793	0.9798	0.9803	0.9808	0.9812	0.9817
2.1	0.9821	0.9826	0.9830	0.9834	0.9838	0.9842	0.9846	0.9850	0.9854	0.9857
2.2	0.9861	0.9864	0.9868	0.9871	0.9874	0.9878	0.9881	0.9884	0.9887	0.9890
2.3	0.9893	0.9896	0.9898	0.9901	0.9904	0.9906	0.9909	0.9911	0.9913	0.9916
2.4	0.9918	0.9920	0.9922	0.9925	0.9927	0.9929	0.9931	0.9932	0.9934	0.9936
2.5	0.9938	0.9940	0.9941	0.9943	0.9945	0.9946	0.9948	0.9949	0.9951	0.9952
2.6	0.9953	0.9955	0.9956	0.9957	0.9959	0.9960	0.9961	0.9962	0.9963	0.9964
2.7	0.9965	0.9966	0.9967	0.9968	0.9969	0.9970	0.9971	0.9972	0.9973	0.9974
2.8	0.9974	0.9975	0.9976	0.9977	0.9977	0.9978	0.9979	0.9979	0.9980	0.9981
2.9	0.9981	0.9982	0.9982	0.9983	0.9984	0.9984	0.9985	0.9985	0.9986	0.9986
3.0	0.9987	0.9990	0.9993	0.9995	0.9997	0.9998	0.9998	0.9999	0.9999	1.0000

注：本表最后一行自左至右依次是 φ（3.0）、…、φ（3.9）的值。

习题参考答案

习 题 一

1. $f(0)=-4$　$f(2)=10$　$f(\sqrt{2})=3\sqrt{2}$　$f(1+\sqrt{2})=5+7\sqrt{2}$　$f(-x)=2x^2-3x-4$　$f(x+1)=2x^2+7x+1$　$2f(x)=4x^2+6x-8$　$f(2x)=8x^2+6x-4$

2. $f(2+h)=\dfrac{2+h}{3+h}$　$f(x+h)=\dfrac{x+h}{x+h+1}$　$\dfrac{f(x+h)-f(x)}{h}=\dfrac{1}{(x+h+1)(x+1)}$

3. $f(x)=\dfrac{1+\sqrt{1+x^2}}{x}$

4. (1) $x\neq\pm1$ 且 $x\in R$　(2) $x\in R$　(3) $x\neq\pm1$　(4) $x\neq0$　(5) $x\neq\pm2$　(6) $x\neq1$ 且 $x\neq2$

5. (1) R　(2) $(-\infty,2)\cup(2,\infty)$　(3) $(-\infty,5]$　(4) $[0,\dfrac{\sqrt{3}}{2})$　(5) $[0,+\infty)$

6. (1) 有界　(2) 有界　(3) 无界　(4) 有界

7. (1) 无奇偶性　(2) 奇函数　(3) 偶函数　(4) 无奇偶性　(5) 偶函数；草图略

8. $\varphi(x)=2x^2-3$，偶函数。$\psi(x)=6x$，奇函数

9. 略

10. 略

11. 略

12. $f(x)+g(x)$、$f(x)-g(x)$、$f(x)\cdot g(x)$、$\dfrac{f(x)}{g(x)}$相应定义域分别为：

(1) R；R；R；$x\neq\pm\dfrac{\sqrt{3}}{2}$

(2) $[-1,1]$；$[-1,1]$；$[-1,1]$；$[-1,1)$

习 题 二

1. $\dfrac{1}{2}$、$\dfrac{1}{11}$、$\dfrac{1}{101}$、$\dfrac{1}{n+1}$

2. 不正确，$\lim\limits_{n\to\infty}\dfrac{1+2+\cdots+n}{n^2}=\lim\limits_{n\to\infty}\dfrac{n(n+1)}{2n^2}=\dfrac{1}{2}$

3. (1) $\dfrac{3}{2}$　(2) 0　(3) 1　(4) $\dfrac{1}{9}$

4. (1) 3　(2) -1　(3) 不存在　(4) 1　(5) 3　(6) 不存在

5. （1） 1　（2） 0　（3） $2^{30}3^{20}$　（4） 2　（5） 1（6）0

6. （1） 2　（2） $\frac{1}{2}$　（3） $\frac{1}{5}$　（4） $\frac{1}{2}$

7. （1） -1　（2） 不存在　（3） $\frac{1}{6}$　（4） $\frac{4}{3}$　（5） 0　（6） $\frac{1}{2}$　（7） $2x$　（8） 1

（9） -3　（10） 4　（11） $-\frac{1}{5}$　（12） 6　（13） $-\frac{\sqrt{2}}{4}$　（14） $\frac{2}{3}$　（15） $\frac{1}{16}$

（16） 1

8. （1） 6　（2） 2　（3） $-\frac{1}{4}$　（4） 不存在　（5） -1

9. 1

10. 略

11. （1） 0　（2） 0　（3） a　（4） b　（5） $\frac{1}{2}$　（6） 2　（7） $\cos a$（和差化积）

（8） $\frac{1}{2}$　（9） $\frac{5}{3}$

12. （1） e^{-1}　（2） e^2　（3） $e^{\frac{1}{2}}$　（4） e　（5） e^{-6}

13. $a=15$，极限值为 -1

14. -1

15. $\sqrt{3.8}-2$

16. （1） $(-\infty,2),(2,4),(4,+\infty)$；$\lim\limits_{x\to 0}f(x)=\frac{1}{2}$

（2） $[2,4]$；$\lim\limits_{x\to 3}f(x)=2$　（3） $(0,1]$；$\lim\limits_{x\to\frac{1}{2}}f(x)=\ln\frac{\pi}{6}$

17. （1） $\lim\limits_{x\to 1^-}f(x)=1$，$\lim\limits_{x\to 1^+}f(x)=1$，所以 $\lim\limits_{x\to 1}f(x)=1$

（2） $f(1)$无定义，函数在该点不连续

（3） 函数的连续区间是 $(0,1)\cup(1,2)$

18. （1） 定义域 $(-\infty,+\infty)$，图形略；（2） 函数在 $x=1,2,3$ 处均连续；（3） 函数在其定义域内连续。

习 题 三

1. 略

2. 略

3. （1） $f'(1)=3$　（2） $f'(0)=0$

4. （1） $C'(100)=30$　（2） $C(101)-C(100)=5029.9-5000=29.9\approx C'(100)$

边际成本表示当 x 增加一个单位时，成本函数约改变 $C'(x)$

5. （1） $\lim\limits_{h\to 0}\frac{f(a+2h)-f(a)}{h}=2$　（2） $\lim\limits_{h\to 0}\frac{f(a+2h)-f(a-2h)}{h}=4$

（3） $\lim\limits_{x\to 0}\frac{f(a+\text{sim}x)-f(a)}{x}=1$

6. (1) $3x^2+3x^{-4}$ (2) $\frac{1}{2\sqrt{x}}\text{sim}x+\sqrt{x}\cos x$ (3) $\frac{e^x(\sin x-\cos x)x-e^x\sin x}{x^2}$

(4) $-2e^{-2x}$ (5) $\frac{1}{2\sqrt{x+\sqrt{x}}}\left(1+\frac{1}{2\sqrt{x}}\right)$ (6) $\frac{2x}{1+x^2}$ (7) $2\sin x\cos x+\cos x^2\cdot 2x$

(8) $6(\arcsin 2x)^2\cdot\frac{1}{\sqrt{1-4x^2}}$ (9) $3e^{3x}\cos x^2-e^{3x}\sin x^2\cdot 2x$ (10) $\frac{4}{e^{2x}+e^{-2x}+2}$

7. (1) $2f(x)f'(x)+2xf'(x^2)$

(2) $f'(\sin^2x)\cdot 2\sin x\cos x\cdot f(\sqrt{\ln x})+f(\sin^2x)f'(\sqrt{\ln x})\cdot\frac{1}{2\sqrt{\ln x}}\cdot\frac{1}{x}$

8. (1) $x^{\sin x}\left(\cos\ln x+\frac{\sin x}{x}\right)$ (2) $\frac{1}{2}\sqrt{\frac{x(x-1)}{(1+2x)^3e^{2x}}}\left(\frac{1}{x}+\frac{1}{x-1}-\frac{6}{(1+2x)}-2\right)$

9. (1) $4-\frac{1}{x^2}$ (2) $-\sin x-4\cos 2x$ (3) $2xe^{x2}(3+2x^2)$

10. 5!

11. (1) $dy=\left(-\frac{1}{x^2}+\frac{1}{\sqrt{x}}\right)dx$ (2) $dy=2\tan(1+2x^2)\cdot\sec^2(1+2x^2)\cdot 4xdx$

(3) $dy=2^{\sin x}\ln 2\cdot\cos xdx$ (4) $dy=\frac{-x}{|x|\sqrt{1-x^2}}dx$

12. $f'(\sin x^2)$, $f'(\sin x^2)\cos x^2$, $f'(\sin x^2)\cos x^2\cdot 2x$

13. 0.7904

14. (1) 2 (2) 1 (3) 3/2 (4) $\cos a$ (5) ∞ (6) 2

(7) 1/2 (8) ∞ (9) 1 (10) e^a

15. (1) 单增区间$(-\infty,-\sqrt{3})$,$(\sqrt{3},+\infty)$，单减区间$(-\sqrt{3},-1)$,$(-1,1)$,$(1,\sqrt{3})$

(2) 单增区间$(0,2)$，单减区间$[2,+\infty)$； (3) 单减区间$(0,e^{-1})$，单增区间$[e^{-1},+\infty)$

(4) 单减区间$(-1,3)$，单增区间$(-\infty,-1]$,$[3,+\infty)$

16. 略

17. (1) 最大值$y(1)=0.5$，最小值$y(0)=0$；(2) 最大值$y(-3)=20$，最小值$y(1)=y(2)=0$

18. (1) $x=-1$时取得极小值$-1/2$，$x=1$时取得极大值$1/2$；

(2) $x=-1$,$x=1$时取得极大值1，$x=0$时取得极小值0；(3) 无极值。

19. $\frac{a}{6}$

20. $a^2-3b<0$

21. 不一定，$f(x)=x^3$在$x=0$处，$f'(0)=f''(0)=0$，但$x=0$不是$f(x)=x^3$的极值点；$f(x)=x^4$在$x=0$处，$f'(0)=f''(0)=0$，$x=0$是$f(x)=x^4$的极小值点。

22. (1) 凸区间$(-\infty,-1)$,$(1,+\infty)$；凹区间$(1-,1)$；拐点$(-1,\ln 2)$,$(1,\ln 2)$

(2) 凹，无拐点 (3) 凹，无拐点

23. $a=-1$，$b=3$

习 题 四

1. $y = x^2 - 3$

2. 它们都是$\frac{1}{x}$的原函数

3. (1) $e^x + 3\cos x - 2\ln x + C$

(2) $a^2 x - abx^2 + \frac{1}{3}b^2 x^3 + C$

(3) $\frac{1}{3}x^3 - x + \arctan x + C$

(4) $x + \sin x + C$

(5) $\sin x + \cos x + C$

(6) $e^x + x + C$

4. (1) $\frac{1}{2}\ln(2x-3) + C$ (2) $-\frac{2}{7}(2-x)^{\frac{7}{2}} + C$ (3) $\frac{1}{6}\sqrt{(x^4-5)^3} + C$

(4) $\frac{1}{2}\arctan 2x + C$ (5) $\frac{-1}{5}\cos 5x + C$ (6) $\frac{1}{3}\cos^3 - \cos x + C$

(7) $\frac{1}{2}\ln(x^2+1) + C$ (8) $-e^{-x} + C$ (9) $\frac{1}{2}\ln(x^2+1) + \arctan x + C$

(10) $\ln(x + \sin x) + C$

5. (1) $\frac{-\sqrt{1+x^2}}{x} + C$

(2) $\frac{2}{3}\arctan\frac{\sqrt{2x-9}}{3} + C$

(3) $2\sqrt{x} - 3\sqrt[3]{x} + 6\sqrt[6]{x} - 6\ln(1+\sqrt[6]{x}) + C$

(4) $2(\arcsin\frac{x}{2} + \frac{x\sqrt{4-x^2}}{4}) + C$

(5) $\frac{1}{2}(\arctan x + \frac{x}{1+x^2}) + C$

(6) $\frac{x}{\sqrt{1+x^2}} + C$

6. (1) $x\tan x + \ln\cos x + C$

(2) $x\sin x + \cos x + C$

(3) $\frac{1}{9}x^3(3\ln x - 1) + C$

(4) $x\arccos\sqrt{x} - \sqrt{1-x^2} + C$

(5) $x\arctan x - \frac{1}{2}\ln(1+x^2) + C$

(6) $\frac{1}{2}(\sin x - \cos x)e^x + C$

(7) $\frac{1}{2}(\sec x\tan x+\ln|\sec x+\tan x|)+C$

(8) $x\ln(1+x^2)-2x+2\arctan x+C$

(9) $2e^{\sqrt{x}}(\sqrt{x}-1)+C$

(10) $\frac{e^x}{2}(\sin x-\cos x)+C$

7. (1) $\int_0^1 e^x dx > \int_0^1 e^{x^2} dx$；(2) $\int_0^{\frac{\pi}{2}} x dx > \int_0^{\frac{\pi}{2}} \sin x dx$

8. (1) $\sqrt{1+x}$ (2) $-xe^{-x}$ (3) $(3\sin^2 x+1)\cos x$ (4) $2x\sin x^2-\sin x$

9. (1) $65\frac{1}{3}$ (2) $\frac{\pi}{4}$ (3) $e^2-e+\cos 2-\cos 1$ (4) $\frac{17}{2}$ (5) $\frac{1}{2}\ln 2$ (6) $\frac{1}{4}$

(7) $4-2\ln x$ (8) $3(e-1)$ (9) $\frac{3}{2}$ (10) $\frac{1}{5}(e-1)^5$ (11) $1-\frac{2}{e}$ (12) $\frac{6+\sqrt{3}\pi}{12}$

10. 最大值 $f(0)=0$，最小值 $f(4)=-\frac{32}{3}$

11. e^{2x}

12. $-\frac{1}{4}$

13. (1) $\frac{8}{3}$ (2) $\frac{4}{3}a^{\frac{3}{2}}$ (3) 18 (4) $e^3-e^1+e^{-3}-e^{-1}$

14. 50　100

15. 4 百台，0.5 万元

习 题 五

1. (1) $\begin{cases} x_1=-1-2c \\ x_2=2+c \\ x_3=c \\ x_4=4 \end{cases}$ (2) $\begin{cases} x_1=0 \\ x_2=0 \\ x_3=0 \end{cases}$

2. (1) $a+b-c=0$ (2) a,b,c 任意

3. (1) 无穷多解 (2) 非零解 (3) 惟一解 (4) 无解

4. (1) $\begin{pmatrix} \frac{5}{4} \\ -\frac{1}{4} \\ 0 \\ 0 \end{pmatrix}+c_1\begin{pmatrix} \frac{3}{2} \\ \frac{3}{2} \\ 1 \\ 0 \end{pmatrix}+c_2\begin{pmatrix} -\frac{3}{4} \\ \frac{7}{4} \\ 0 \\ 1 \end{pmatrix}$ (2) $\begin{pmatrix} 3 \\ -2 \\ 0 \\ 0 \end{pmatrix}+c_1\begin{pmatrix} -2 \\ 3 \\ 1 \\ 0 \end{pmatrix}+c_2\begin{pmatrix} -2 \\ 3 \\ 0 \\ 1 \end{pmatrix}$

(3) $c_1\begin{pmatrix}2\\1\\0\\0\end{pmatrix}+c_2\begin{pmatrix}\frac{2}{7}\\0\\-\frac{5}{7}\\1\end{pmatrix}$ (4) $c_1\begin{pmatrix}0\\1\\1\\0\\0\end{pmatrix}+c_2\begin{pmatrix}0\\1\\0\\1\\0\end{pmatrix}+c_3\begin{pmatrix}1\\-5\\0\\0\\3\end{pmatrix}$ （c_1,c_2 均为任意常数）

5. 23

习 题 六

1. (1) $\begin{pmatrix}5&-3&3\\3&4&5\end{pmatrix}$ (2) $\begin{pmatrix}0&1&-6\\-1&-8&0\end{pmatrix}$

2. $X=\begin{pmatrix}\frac{1}{2}&-1&-\frac{3}{2}\\\frac{11}{2}&-1&\frac{5}{2}\end{pmatrix}$

3. (1) $\begin{pmatrix}-12&2\\4&2\end{pmatrix}$ (2) 4 (3) $\begin{pmatrix}1&3&-1\\2&6&-2\\3&9&-3\end{pmatrix}$ (4) $\begin{pmatrix}a_1b_1&0&0\\0&a_2b_2&0\\0&0&a_3b_3\end{pmatrix}$ (5) 15

4. $\begin{pmatrix}a&0\\b&a\end{pmatrix}$

5. (1) $\begin{pmatrix}0&0\\0&0\end{pmatrix}$ (2) $\begin{pmatrix}1&3\\0&1\end{pmatrix}$ (3) $\begin{pmatrix}a_1^n&0&0\\0&a_2^n&0\\0&0&a_3^n\end{pmatrix}$

6. (1) 不成立 (2) 不成立

7. 略

8. (1) $\begin{pmatrix}\frac{1}{2}&-\frac{1}{2}&\frac{1}{2}\\-\frac{1}{6}&-\frac{1}{6}&\frac{1}{2}\\-\frac{2}{3}&\frac{1}{3}&1\end{pmatrix}$ (2) $\begin{pmatrix}1&0&0\\-\frac{3}{2}&\frac{1}{2}&0\\\frac{1}{3}&-\frac{2}{3}&\frac{1}{3}\end{pmatrix}$

9. (1) $\begin{pmatrix}-7&-2&9\\5&1&-5\end{pmatrix}$ (2) $\begin{pmatrix}-2&2&1\\-\frac{8}{3}&5&-\frac{2}{3}\end{pmatrix}$ (3) $\begin{pmatrix}1&2\\3&4\end{pmatrix}$

习 题 七

1. (1) $A\overline{B}\,\overline{C}$ (2) $AB\overline{C}$ (3) $A\overline{B}\,\overline{C}+\overline{A}B\overline{C}+\overline{A}\,\overline{B}C$

(4) $AB\overline{C}+A\overline{B}C+\overline{A}BC$ (5) $A+B+C$

（6）$\overline{A}\ \overline{B}\ \overline{C}$ （7）$\overline{A}\ \overline{B}\ \overline{C}+\overline{A}\ BC+\overline{A}B\ \overline{C}+A\ \overline{B}\ \overline{C}$或$\overline{A}\ \overline{B}+\overline{A}\ \overline{C}+\overline{B}\ \overline{C}$

（8）ABC （9）$\overline{A}+\overline{B}+\overline{C}$

2. 乙未击中；乙和丙至少一人击中；

甲和乙至多有一人击中或甲和乙至少有一人未击中；

甲和乙都未击中；

甲和乙击中而丙未击中；

甲、乙、丙三人至少有两人击中。

3. $P(A)=P(B)=P(C)=\dfrac{1\times1\times1}{3\times3\times3}=\dfrac{1}{27}$ $P(D)=P(E)=\dfrac{2\times2\times2}{3\times3\times3}=\dfrac{8}{27}$

$P(F)=\dfrac{1}{27}+\dfrac{1}{27}+\dfrac{1}{27}=\dfrac{1}{9}$ $P(G)=\dfrac{3!}{3\times3\times3}=\dfrac{2}{9}$

$P(H)=1-P(F)=1-\dfrac{1}{9}=\dfrac{8}{9}$

4. 一次拿3件：

（1）$P=\dfrac{C_{98}^2C_2^1}{C_{100}^3}=0.0588$ （2）$P=\dfrac{C_2^1C_{98}^2+C_2^2C_{98}^1}{C_{100}^3}=0.0594$

每次拿一件，取后放回，拿3次：

（1）$P=\dfrac{2\times98^2}{100^3}\times3=0.0576$ （2）$P=1-\dfrac{98^3}{100^3}=0.0588$

每次拿一件，取后不放回，拿3次：

（1）$P=\dfrac{2\times98\times97}{100\times99\times98}\times3=0.0588$ （2）$P=1-\dfrac{98\times97\times96}{100\times99\times98}=0.0594$

5. $P(A_1)=\dfrac{C_8^3}{C_{10}^3}=\dfrac{7}{15}$ $P(A_2)=1-\dfrac{C_8^1}{C_{10}^3}=\dfrac{14}{15}$

6. $P=\dfrac{5A_9^3-4A_8^2}{A_{10}^4}=\dfrac{41}{90}$

7.（1）$P=1-\dfrac{11^6}{12^6}\doteq0.41$ （2）$P=\dfrac{C_6^4\times11^2}{12^6}\doteq0.00061$

（3）$P=\dfrac{C_{12}^1C_6^4\ 11^2}{12^6}\doteq0.0073$

8. $P=\dfrac{C_4^1C_{13}^3+C_4^1C_{13}^2C_{39}^1}{C_{52}^3}\doteq0.602$ 或 $P=1-\dfrac{C_4^3C_{13}^1C_{13}^1C_{13}^1}{C_{52}^3}\doteq0.602$

9. 令 $A_i=$ “取到的是 i 等品”，$i=1,2,3$

$P(A_1|\overline{A}_3)=\dfrac{P(A_1\overline{A}_3)}{P(\overline{A}_3)}=\dfrac{P(A_1)}{P(\overline{A}_3)}=\dfrac{0.6}{0.9}=\dfrac{2}{3}$

10. $\because P(\overline{A}B)=P(A\overline{B})=\dfrac{1}{4}$，又$\because$ A 与 B 独立

$$\therefore P(\overline{A}B)=P(\overline{A})P(B)=[1-P(A)]P(B)=\frac{1}{4}$$

$$P(A\overline{B})=P(A)P(\overline{B})=P(A)[1-P(B)]=\frac{1}{4}$$

$\therefore P(A)=P(B), P(A)-P^2(A)=\frac{1}{4}$，即 $P(A)=P(B)=\frac{1}{2}$

11. 令 A_1, A_2, A_3 分别表示甲、乙、丙三机床不需要工人照顾，那么 $P(A_1)=0.7, P(A_2)=0.8, P(A_3)=0.9$

令 B 表示最多有一台机床需要工人照顾，那么 $P(B)=P(A_1A_2A_3+\overline{A}_1A_2A_3+A_1\overline{A}_2A_3+A_1A_2\overline{A}_3)$

$=P(A_1A_2A_3)+P(\overline{A}_1A_2A_3)+P(A_1\overline{A}_2A_3)+P(A_1A_2\overline{A}_3)$

$=0.7\times0.8\times0.9+0.3\times0.8\times0.9+0.7\times0.2\times0.8+0.7\times0.8\times0.1$

$=0.902$

12. 令 $A_i=$ "第 i 个人中奖"，$i=1,2,3$

(1) $P(A_1\overline{A}_2\overline{A}_3+\overline{A}_1\overline{A}_2A_3+\overline{A}_1A_2\overline{A}_3)$

$=P(A_1\overline{A}_2\overline{A}_3)+P(\overline{A}_1\overline{A}_2A_3)+P(\overline{A}_1A_2\overline{A}_3)$

$=P(A_1)P(\overline{A}_2\mid A_1)P(\overline{A}_3\mid A_1\overline{A}_2)+P(\overline{A}_1)P(\overline{A}_2\mid\overline{A}_1)P(A_3\mid\overline{A}_1\overline{A}_2)$

$+P(\overline{A}_1)P(A_2\mid\overline{A}_1)P(\overline{A}_3\mid\overline{A}_1A_2)$

$=\frac{4}{10}\times\frac{6}{9}\times\frac{5}{8}+\frac{6}{10}\times\frac{5}{9}\times\frac{4}{8}+\frac{6}{10}\times\frac{4}{9}\times\frac{5}{8}=\frac{1}{2}$

或 $P=\frac{C_4^1C_6^2}{C_{10}^3}=\frac{1}{2}$

(2) $P(A_2)=P(A_1)P(A_2\mid A_1)+P(\overline{A}_1)P(A_2\mid\overline{A}_1)$

$=\frac{4}{10}\times\frac{3}{9}+\frac{6}{10}\times\frac{4}{9}=\frac{2}{5}$

13. 令 $A=$ "抽取一件产品为正品"

$A_i=$ "箱中有 i 件次品"，$i=0,1,2$

$B=$ "该箱产品通过验收"

(1) $P(A)=\sum_{i=0}^{2}P(A_i)P(A\mid A_i)=\sum_{i=0}^{2}\frac{1}{3}\times\frac{10-i}{10}=0.9$

(2) $P(B)=P(A)P(B\mid A)+P(\overline{A})P(B\mid\overline{A})$

$=0.9\times0.98+0.1\times0.05=0.887$

14. 令 $A_i=$ "恰有 i 次击中飞机"，$i=0,1,2,3$ $B=$ "飞机被击落"

显然：

$P(A_0)=0.09, P(A_1)=0.36$，$P(A_2)=0.41$，$P(A_3)=0.14$，

而 $P(B\mid A_0)=0$，$P(B\mid A_1)=0.2$，$P(B\mid A_2)=0.6$，$P(B\mid A_3)=1$

所以 $P(B)=\sum_{i=0}^{3}P(A_i)P(B\mid A_i)=0.458$

$P(\overline{B})=1-P(B)=1-0.458=0.542$

习 题 八

1. 令 $P(X=k)=p_k=\frac{1}{2^k}, k=1,2,\cdots$ 显然 $0\leqslant p_k\leqslant1$，且

$$\sum_{k=1}^{\infty} p_k = \sum_{k=1}^{\infty} \frac{1}{2^k} = \frac{\frac{1}{2}}{1-\frac{1}{2}} = 1$$

所以 $P(X=k)=\frac{1}{2^k}, k=1,2,\cdots$ 为一概率分布。

2. $P(X=k)=p(1-p)^{k-1}, k=1,2,\cdots$

3. （1） $P(X=k)=(1-p)^k p=(0.9)^k\times 0.1, k=0,1,2,\cdots$

（2） $P(X\geqslant 5)=\sum_{k=5}^{\infty} P(X=k)=\sum_{k=5}^{\infty}(0.9)^k\times 0.1=(0.9)^5$

4. 因为学生靠猜测答对每道题的概率为 $p=\frac{1}{4}$，所以这是一个 $n=5$，$p=\frac{1}{4}$的独立重复试验。

$P(X\geqslant 4)=C_5^4\left(\frac{1}{4}\right)^4\times\frac{3}{4}+C_5^5\left(\frac{1}{4}\right)^5\left(\frac{3}{4}\right)^0=\frac{1}{64}$

5. $1-(0.99)^{20}-20\times 0.01\times(0.99)^{19}\approx 0.0169$

6. $\because P(X=0)=\frac{\lambda^0}{0!}e^{-\lambda}=\frac{1}{2}$，$\therefore \lambda=\ln 2$

$P(X>1)=1-P(X\leqslant 1)=1-[P(X=0)+P(X=1)]$

$=1-\left[\frac{1}{2}+\frac{1}{2}\ln 2\right]=\frac{1}{2}(1-\ln 2)$

7. $\because P(X=1)=P(X=2)$，即 $\lambda=2$

$\therefore P(X=0)=e^{-2}$

$P=(e^{-2})^4=e^{-8}$

8. （1） $t=3$，$\lambda=\frac{3}{2}$　$P(X=0)=e^{-\frac{3}{2}}$

（2） $t=5$，$\lambda=\frac{5}{2}$　$P(X\geqslant 1)=1-P(X=0)=1-e^{-\frac{5}{2}}$

9. $\because 2a+\frac{1}{10}+3a+a+a+2a=1$，$\therefore a=\frac{1}{10}$

10. （1） $t=-1$

（2） $f(x)=\begin{cases}\frac{1}{2}x+\frac{1}{2}, & x\in[-1,0)\\ -\frac{1}{6}x+\frac{1}{2}, & x\in[0,3)\\ 0, & \text{其他}\end{cases}$

（3） $P(-2<X\leqslant 2)=\frac{11}{12}$

11. $a=\frac{\pi}{2}$，$P\left(X>\frac{\pi}{6}\right)=\frac{\sqrt{3}}{2}$

12. $P\left(X\leqslant\frac{1}{2}\right)=\int_0^{\frac{1}{2}}2x\,dx=\frac{1}{4}$，$P(Y=2)=C_3^2\left(\frac{1}{4}\right)^2\left(\frac{3}{4}\right)=\frac{9}{64}$

13. X 的概率密度为 $f(x)=\begin{cases}\frac{1}{4}, & 1\leqslant x\leqslant 5\\ 0, & 其他\end{cases}$

(1) $P(x_1<X<x_2)=\int_1^{x_2}\frac{1}{4}dx=\frac{1}{4}(x_2-1)$

(2) $P(x_1<X<x_2)=\int_{x_1}^{5}\frac{1}{4}dx=\frac{1}{4}(5-x_1)$

14. $P(X\geqslant 10)=1-P(X<10)=1-[1-e^{-\frac{1}{5}\times 10}]=e^{-2}$

$\therefore P(Y=k)=C_5^k(e^{-2})^k(1-e^{-2})^{5-k}, k=0,1,2,3,4,5$

$P(Y\geqslant 1)=1-(1-e^{-2})^5\approx 0.5167$

15. $F(x)=\begin{cases}0, & x<1\\ 0.2, & 1\leqslant x<2\\ 0.5, & 2\leqslant x<3\\ 1, & x\geqslant 3\end{cases}$; $P(0.5\leqslant X\leqslant 2)=0.5$

16. (1)

X	-113
P	0.4 0.4 0.2

(2) $P(X<2\mid X\neq 1)=\frac{P(X=-1)}{P(X\neq 1)}=\frac{2}{3}$

17. $P(X=k)=C_3^k(\frac{2}{5})^k(\frac{3}{5})^{3-k}, k=0,1,2,3$

18. (1) $\because F(+\infty)=\lim\limits_{x\to+\infty}(A+Be^{-2x})=1 \quad \therefore A=1$

又$\because \lim\limits_{x\to 0^+}(A+Be^{-2x})=F(0)=0 \quad \therefore B=-A=-1$

(2) $P(-1<X<1)=F(1)-F(-1)=1-e^{-2}$

(3) $f(x)=F'(x)=\begin{cases}2e^{-2x}, & x>0\\ 0, & x\leqslant 0\end{cases}$

19. (1) 当 $t\geqslant 0$ 时，$P(X>t)=P(N(t)=0)=e^{-0.1t}$

$\therefore F(t)=P(X\leqslant t)=1-P(X>t)=1-e^{-0.1t}$

当 $t<0$ 时，$F(t)=0$

$\therefore F(x)=\begin{cases}1-e^{-0.1x} & x\geqslant 0\\ 0 & x<0\end{cases}$

X 服从指数分布（$\lambda=0.1$）

(2) $F(3)=1-e^{-0.1\times 3}\approx 0.26$

(3) $F(5)-F(3)\approx 0.13$

20. (1) $P(X<2.44)=\Phi(\frac{2.44-(-1)}{4})=\Phi(\frac{3.44}{4})\doteq 0.8051$

(2) $P(X>-1.5)=1-P(X\leqslant -1.5)$

$$=1-\Phi(\frac{-1.5+1}{4})=1-\Phi(-\frac{1}{8})\doteq 0.5498$$

（3）$P(|X|<4)=\Phi(\frac{4+1}{4})-\Phi(\frac{-4+1}{4})=\Phi(\frac{5}{4})-\Phi(\frac{-3}{4})$

$$=\Phi(\frac{5}{4})+\Phi(\frac{3}{4})-1\doteq 0.6678$$

（4）$P(|X-1|>1)=P[(X<0)\cup(X>2)]=P(X<0)+P(X>2)$

$$=\Phi(\frac{0+1}{4})+1-\Phi(\frac{2+1}{4})=\Phi(\frac{1}{4})+1-\Phi(\frac{3}{4})\doteq 0.8253$$

21. $\because P(X\geqslant x\mid X\geqslant 60)=\frac{20}{100}$

而 $P(X\geqslant x\mid X\geqslant 60)=\frac{P[(X\geqslant x)\cap(X\geqslant 60)]}{P(X\geqslant 60)}=\frac{P(X\geqslant x)}{P(X\geqslant 60)}$

又$\because P(X\geqslant 60)=1-\Phi(\frac{60-70}{10})=\Phi(1)\doteq 0.8413$

$\therefore P(X\geqslant x)=0.2\times 0.8413=0.16826$

即 $P(X\geqslant x)=1-\Phi(\frac{x-70}{10})=\Phi(1)=0.16826$

$\therefore \Phi(\frac{x-70}{10})=0.83174$，$\frac{x-70}{10}\approx 0.96$，$x\approx 79.6$

习 题 九

1. （1）$E(X)=(-1)\times\frac{1}{8}+0\times\frac{1}{2}+1\times\frac{1}{8}+2\times\frac{1}{4}=\frac{1}{2}$

（2）$E(X^2)=(-1)^2\times\frac{1}{8}+0^2\times\frac{1}{2}+1^2\times\frac{1}{8}+2^2\times\frac{1}{4}=\frac{5}{4}$

（3）$E(2X+3)=2E(X)+3=2\times\frac{1}{2}+3=4$

2. $E(X)=0.51$，$D(X)=0.432$
3. $P_1=0.4$，$P_2=0.1$，$P_3=0.5$
4. 记 $A=\{$从袋中任取 1 球为白球$\}$，则

$$P(A)\xlongequal{\text{全概率公式}}\sum_{k=0}^{N}P\{A\mid X=k\}\cdot P\{X=k\}=\sum_{k=0}^{N}\frac{k}{N}P\{X=k\}=\frac{1}{N}\sum_{k=0}^{N}kP\{X=k\}$$

$$=\frac{1}{N}\cdot E(X)=\frac{n}{N}$$

5. $E(X)=1, D(X)=\frac{1}{6}$
6. （1）$E[U]=E(2X+3Y+1)=2E(X)+3E(Y)+1=2\times 5+3\times 11+1=44$

（2）$E[V]=E[YZ-4X]=E[YZ]-4E(X)=68$

7. （1）$E(3X-2Y)=3E(X)-2E(Y)=3\times 3-2\times 3=3$

（2）$D(2X-3Y)=2^2D(X)+(-3)^2DY=4\times 12+9\times 16=192$

8. (1) 由 $\int_{-\infty}^{+\infty} f(x)\,dx = \int_{0}^{+\infty} cxe^{-k^2x^2}\,dx = \frac{c}{2k^2} = 1$ 得 $c = 2k^2$

(2) $E(X) = \int_{-\infty}^{+\infty} xf(x)\,d(x) = \int_{0}^{+\infty} x \cdot 2k^2 xe^{-k^2x^2}\,dx$

$$= 2k^2 \int_{0}^{+\infty} x^2 e^{-k^2x^2}\,dx = \frac{\sqrt{\pi}}{2k}$$

(3) $E(X^2) = \int_{-\infty}^{+\infty} x^2 f(x)\,d(x) = \int_{0}^{+\infty} x^2 \cdot 2k^2 xe^{-k^2x^2} \frac{1}{k^2}$

故 $D(X) = E(X^2) - [E(X)]^2 = \frac{1}{k^2} - (\frac{\sqrt{\pi}}{2k})^2 = \frac{4-\pi}{4k^2}$

9. 设随机变量 X 表示在取得合格品以前已取出的废品数，则 X 的可能取值为 0，1，2，3。为求其分布律，下面求取这些可能值的概率，易知：

$P\{X=0\} = \frac{9}{12} = 0.750$ $\quad P\{X=1\} = \frac{3}{12} \times \frac{9}{11} = 0.204$

$P\{X=2\} = \frac{3}{12} \times \frac{2}{11} \times \frac{9}{10} = 0.041$ $\quad P\{X=3\} = \frac{3}{12} \times \frac{2}{11} \times \frac{1}{10} \times \frac{9}{9} = 0.005$

由此可得 $E(X) = 0 \times 0.750 + 1 \times 0.204 + 2 \times 0.041 + 3 \times 0.005 = 0.301$

$E(X^2) = 0^2 \times 750 + 1^2 \times 0.204 + 2^2 \times 0.041 + 3^2 \times 0.005 = 0.413$

$D(X) = E(X^2) - [E(X)]^2 = 0.413 - (0.301)^2 = 0.322$

10. 厂方出售一台设备净盈利 Y 只有两个值：100 元和 -200 元。

$P\{Y=100\} = P\{X \geqslant 1\} = \int_{1}^{+\infty} \frac{1}{4} e^{-x/4}\,dx = e^{-1/4}$

$P\{Y=-200\} = P\{X<1\} = 1 - e^{-1/4}$

故 $E(Y) = 100 \times e^{-1/4} + (-200) \times (1 - e^{-1/4}) = 300e^{-1/4} - 200 = 33.64$（元）

11. (1) $E(\overline{X}) = E(\frac{1}{n}\sum_{i=1}^{n} X_i) = \frac{1}{n}E(\sum_{i=1}^{n} X_i) = \frac{1}{n}\sum_{i=1}^{n} E(X_i) = \frac{1}{n} \cdot n\mu = \mu$

$$D(\overline{X}) = D(\frac{1}{n}\sum_{i=1}^{n} X_i) = \frac{1}{n^2}D(\sum_{i=1}^{n} X_i) \xlongequal{X_i \text{之间相互独立}} \frac{1}{n^2} \cdot \sum_{i=1}^{n} DX_i$$

$$= \frac{1}{n^2} \cdot n\sigma^2 = \frac{\sigma^2}{n}$$

(2) 因

$$\sum_{i=1}^{n} (X_i - \overline{X})^2 = \sum_{i=1}^{n} (X_i^2 + \overline{X}^2 - 2\overline{X}X_i) = \sum_{i=1}^{n} X_i^2 + n\overline{X}^2 - 2\overline{X}\sum_{i=1}^{n} X_i$$

$$= \sum_{i=1}^{n} X_i^2 + n\overline{X}^2 - 2\overline{X} \cdot n\overline{X} = \sum_{i=1}^{n} X_i^2 - n\overline{X}^2$$

故 $S^2 = \frac{1}{n-1}(\sum_{i=1}^{n} X_i^2 - n\overline{X}^2)$

(3) 因 $E(X_i) = \mu, D(X_i) = \sigma^2$，故 $E(X_i^2) = D(X_i) + (EX_i)^2 = \sigma^2 + \mu^2$

同理因 $E(\overline{X}) = \mu, D(\overline{X}) = \frac{\sigma^2}{n}$，故 $E(\overline{X}^2) = \frac{\sigma^2}{n} + \mu^2$

从而

$$E(s^2) = E\left[\frac{1}{n-1}\left(\sum_{i=1}^{n} X_i^2 - n\overline{X}^2\right)\right] = \frac{1}{n-1}\left[E\left(\sum_{i=1}^{n} X_i^2\right) - nE(\overline{X}^2)\right]$$

$$= \frac{1}{n-1}\left[\sum_{i=1}^{n} E(X_i^2) - nE(\overline{X}^2)\right]$$

$$= \frac{1}{n-1}\cdot\left[n\cdot(\sigma^2+\mu^2) - n\left(\frac{\sigma^2}{n}+\mu^2\right)\right] = \sigma^2$$

12. $E(T) = -P\{X<10\} + 20P\{10 \leqslant X \leqslant 12\} - 5P\{X>12\}$

$$= -P\{X-\mu<10-\mu\} + 20P\{10-\mu \leqslant X-\mu \leqslant 12-\mu\} - 5P\{X-\mu>12-\mu\}$$

$$= -\Phi(10-\mu) + 20[\Phi(12-\mu) - \Phi(10-\mu)] - 5[1-\Phi(12-\mu)]$$

$$= 25\Phi(12-\mu) - 21\Phi(10-\mu) - 5$$

故$\frac{\mathrm{d}E(T)}{\mathrm{d}\mu}=0$解得，$\mu = 11 - \frac{1}{2}\ln\frac{25}{21} = 11 - \frac{1}{2}\ln 1.19 \approx 10.9$

由此可得，当$\mu=10.9$毫米时，平均利润最大。